高等院校医学实验系列教材

# 生物化学与分子生物学实验教程

主　编　陆红玲

副主编　范　芳　生　欣

编　委　（按姓氏笔画排序）

生　欣　冯赞杰　朱欣婷　刘喜平

李大玉　李小琼　李长福　杨加伟

束　波　张　勇　张　博　陆红玲

陈　静　陈佳瑜　范　芳　徐先林

科学出版社

北　京

## 内 容 简 介

本教材是为适应高等医学院校基础医学实验教学需要而编写的。一共分为四篇。第一篇是概论，第二篇是常用生物化学与分子生物学实验技术的基本原理与应用介绍，第三篇是关于蛋白质、核酸、酶学、糖脂代谢等的基础生物化学实验，第四篇是基础分子生物学实验，附录主要介绍化学试剂的分级和一些缓冲液的配制方法等。

本教材体系完整，较实用，可供医学院校临床医学等各专业本科生和研究生使用，也可供相关专业的科研、教学和技术人员参考。

**图书在版编目（CIP）数据**

生物化学与分子生物学实验教程 / 陆红玲主编. —北京：科学出版社，2021.3

高等院校医学实验系列教材

ISBN 978-7-03-067963-5

Ⅰ. ①生… Ⅱ. ①陆… Ⅲ. ①生物化学—实验—医学院校—教材 ②分子生物学—实验—医学院校—教材 Ⅳ. ①Q5-33 ②Q7-33

中国版本图书馆 CIP 数据核字(2021)第 007257 号

责任编辑：李　植 / 责任校对：郑金红

责任印制：赵　博 / 封面设计：陈　敬



科学出版社 出版

北京东黄城根北街 16 号

邮政编码：100717

http://www.sciencep.com

三河市骏杰印刷有限公司印刷

科学出版社发行　各地新华书店经销

*

2021 年 3 月第　一　版　开本：787×1092　1/16

2025 年 1 月第六次印刷　印张：8 1/2

字数：193 000

**定价：36.00 元**

（如有印装质量问题，我社负责调换）

# 前　言

生物化学与分子生物学是医药、生物工程与技术、食品和农业等领域的专业基础学科，不仅具有较强的理论性，而且具有一定的实践性。只有扎实地掌握系统的生物化学与分子生物学基础知识、熟练的实验操作技能，才能在相应的专业技术领域真正地有所造诣和建树。生物化学与分子生物学的发展与实验技术息息相关，每一种新的生物化学物质的发现与研究都离不开实验技术，实验技术每一次创新均大大推动了生物化学与分子生物学研究的进展。因此，生物化学与分子生物学实验在生物化学与分子生物学这门学科学习中占有重要地位，在生命科学基础研究领域具有广泛应用价值，也是医学类各专业、各层次学生必修的一门基础实验课程。

本教材一共分为四篇。第一篇是概论，主要介绍实验室的基本规则及生物化学与分子生物学实验的基本操作。第二篇是常用生物化学与分子生物学实验技术，重点介绍目前常用的生物化学与分子生物学研究技术的基本原理与应用。第三篇是基础生物化学实验，主要介绍一些经典的生物化学实验，如蛋白质与核酸分离纯化、鉴定、定量方法，酶学实验等，通过实验帮助学生巩固理论知识和培养学生的基本实验操作技能。第四篇是基础分子生物学实验，通过实验进一步提高学生的实践能力和培养其创新精神，完成对生物化学与分子生物学研究技术的系统认识。附录主要介绍化学试剂的分级和一些缓冲液的配制方法等。

本教材主要是配合国家级规划教材《生物化学与分子生物学》理论课的教学，不仅适合医学院校临床医学等各专业本科生和研究生使用，也可供相关专业的科研、教学和技术人员参考。

由于编者水平有限，教材中难免存在不足之处，敬请各位专家和读者批评指正。

编　者

2020 年 3 月

# 目　　录

## 第四篇 基础分子生物学实验

# 第一篇 概 论

## 第一章 实验室基本要求

### 一、实验目的

**1.** 学习基础的生物化学与分子生物学实验原理与方法，为今后的学习与研究打下基础。

**2.** 培养学生严谨的科学作风、独立的工作能力及科学的思维方法。

**3.** 培养学生爱护国家财物、爱护集体、团结互助的优良道德品质。

**4.** 培养学生的动手能力、书面及口头表达能力。

### 二、实验室规则

**1.** 实验前必须认真预习实验内容，明确本次实验目的，掌握实验原理、操作关键步骤及注意事项。

**2.** 实验时自觉遵守实验室纪律，保持室内安静。

**3.** 实验过程中要听从教师指导，认真按照实验步骤和操作规程进行实验，注意观察实验过程中出现的现象和结果，并认真记录，对实验结果展开讨论，结果不良时，必须重做。实验完毕及时整理数据，按时上交实验报告。

**4.** 实验中，移液器、吸量管、药品等用完后放回原处，实验台面、称量台、药品架、水池及各种实验仪器内外都必须保持清洁整齐，严禁瓶盖及药勺混放，切勿使药品（尤其是 NaOH 等）洒落在天平和实验台面上，毛刷用后必须立即挂好，各种器皿不得丢弃在水池内。

**5.** 多余的重要试剂和各种有污染的液体及凝胶按要求进行回收，如 Sephadex、Sepharose 凝胶、经溴化乙锭（EB）或 Goldview 污染的琼脂糖凝胶及其电泳缓冲液等，用后必须及时回收，不得随意丢弃。

**6.** 配制的试剂和实验过程中的样品，尤其是保存在冰箱和冷室中的样品，必须贴上标签，写上品名、浓度、姓名和日期。放在冰箱中的易挥发溶液和酸性溶液必须严密封口。

**7.** 配制和使用洗液必须极为小心，强酸强碱必须倒入废液缸或稀释后排放。

**8.** 使用贵重精密仪器应严格遵守操作规程。使用分光光度计时不得将溶液洒在仪器内外和地面上。使用高速冷冻离心机和高效液相色谱（HPLC）分析仪等大型仪器必须经过考核。仪器发生故障应立即报告教师，未经许可不得自己随意检修。

**9.** 使用乙醇、乙醚等易燃性有机溶剂时，严禁明火，远离火源，若需加热要用水浴加热，不可直接在火上加热。

**10.** 离开实验室必须关好门窗，切断电源、水源，确保安全。

### 三、实验记录及实验报告

**1. 实验记录** 详细、准确、如实地做好实验记录是极为重要的，记录如果有误，会导致整个实验失败，这也是培养学生实验能力和严谨科学作风的一个重要方面。

（1）每位同学必须准备一个实验记录本，实验前认真预习实验，看懂实验原理和操作方法，在记录本上写好实验预习报告，包括简要的实验流程图和数据记录表格等。

（2）记录本上要编好页数，不得撕缺和涂改，写错时可以划去重写。不得用铅笔记录，只能用钢笔、中性笔或圆珠笔记录。

（3）实验中应及时准确地记录所观察到的现象和测量的数据，条理清楚，字迹端正，切不可潦草以致日后无法辨认。实验记录必须公正客观，不可夹杂主观因素。

（4）实验中要记录的各种数据，都应事先在记录本上设计好各种记录格式和表格，以免实验中由于忙乱而遗漏测量和记录，造成不可挽回的损失。

（5）实验记录要注意有效数字，如吸光度值应为“0.050”，而不能记成“0.05”。每个结果都要尽可能重复观测 2 次以上，即使观测的数据相同或偏差很大，也都应如实记录，不得涂改。

（6）实验中要详细记录实验条件，如使用的仪器型号、编号、生产厂家等；生物材料的来源、形态特征、健康状况、选用的组织及其重量等；试剂的规格、化学式、分子量、试剂的浓度等，都应记录清楚。

**2. 实验报告** 实验报告是实验内容的总结和汇报，是培养学生书面表达能力和科学作风的重要手段之一。通过实验报告的撰写可以分析总结做实验的经验，学会处理各种实验数据的方法，加深对有关生物化学与分子生物学原理和实验技术的理解和掌握，同时也是学习撰写科学研究论文的过程。实验报告应包括：①实验目的；②实验原理；③实验步骤；④实验结果；⑤讨论与结论。

每份实验报告都要按照上述要求来写，实验报告的写作水平也是衡量学生实验成绩的一个重要方面。实验报告必须独立完成，严禁抄袭。实验报告使用的语言要简明清楚，抓住关键，各种实验数据都要尽可能整理成表格（三线表）并做图，以便比较，一目了然。通常利用坐标纸、Excel 或 SPSS 软件做图，每个图都要有明确的标题，坐标轴的名称要清楚完整，要注明合适的单位。

实验结果和讨论是实验报告书写的重点，一定要充分，尽可能多查阅有关文献和教科书，充分运用所学知识，进行深入探讨，勇于提出自己独到的分析和见解，并对实验内容提出改进意见。

## 四、组织与分组

**1.** 每一实验室推选组长一名，负责下列工作：①实验报告的收集与分发；②安排清扫值日名单；③反映同学学习情况及对教学工作的意见；④其他临时性工作。

**2.** 一般实验都为每个学生单独进行。有的实验要 2 人一组，由学号相邻的 2 名学生组成固定小组。小组成员在指导教师同意下，可做适当调整。

## 五、器材

**1.** 每次实验前，实验者应检查分发在实验桌上的各种玻璃器皿，如有缺损应立即向准备室负责老师补换。实验中如有破损，则必须登记，按学校规定处理。实验后应将玻璃器皿洗涤清洁，放在指定地方。

**2.** 公用仪器（如分光光度计、离心机等）使用时间不宜过长，以免妨碍他人工作。设有使用登记簿的仪器，使用后必须登记，以示负责。

## 六、试剂

**1.** 每 3～4 人合用 1 份试剂，在一般情况下，使用的试剂应该固定。

**2.** 试剂瓶塞与量取用具（如吸管或滴管）不应与试剂瓶分开放置，用后应立即放回原处，量取用具应按规定放置，如左瓶右管。瓶塞与量具一旦弄错，试剂即受污染，实验则可能失败。

**3.** 不应将潮湿吸管与标准试剂直接接触，取出试剂后不得再放入原瓶。

## 七、实验室急救处理

**1. 割伤、咬伤、抓伤**　用水洗净伤口，以医用双氧水消毒，并涂以碘酒或红汞药水，然后用纱布包扎或敷上创可贴，避免伤口因接触化学药品引起中毒。若情况严重，先涂红药水，撒上消炎粉。大伤口则应先按紧主血管防止大量出血，紧急送医院治疗。

**2. 烫伤和烧伤处理**　可在伤处涂上獾油或用 75%乙醇溶液润湿后涂蓝油烃等烫伤药；如果创面较大，深度达真皮，应小心用 75%乙醇溶液润湿并涂上烫伤药膏，紧急送往医院治疗。

**3. 化学灼伤处理**　如果被浓硫酸灼伤，切忌立即用水冲洗，应先用棉布（纸）吸取浓硫酸，再用水冲洗，接着用 3%～5%的 $NaHCO_3$ 溶液中和，最后再用水清洗。必要时涂上甘油，若有水疱，应涂上碘伏，再用消毒针头挑破水疱，待渗液流尽，保留水疱皮。如果被碱灼伤，应先用水冲洗，然后用 2%硼酸溶液或 2%乙酸溶液冲洗。如果眼睛被酸或碱灼伤，先用水冲洗，再用 3%～5%的 $NaHCO_3$ 溶液或 2%硼酸溶液清洗并紧急送医院治疗。

**4. 化学药品**（气、液、固体）**引发的中毒事故处理**　应立即用湿毛巾捂住嘴、鼻，将中毒者从中毒现场转移至通风清洁处，采用人工呼吸、催吐等急救方法帮助中毒者清除体内毒物，紧急送医院治疗。也可通过排风、用水稀释等手段减轻或消除环境中有毒物质的浓度，必要时拨打 120 急救电话，保护好现场。

**5. 化学危险气体爆炸事故处理**　应马上切断现场电源、关闭气源阀门，立即将人员疏散和将其他易爆物品迅速转移，用室内配备的灭火器扑火，同时拨打火警电话 119。

**6. 有机物或能与水发生剧烈化学反应的化学药品着火处理**　应用灭火器或沙子扑灭，不得随意用水灭火，以免因扑救不当造成更大损害。

（陆红玲）

# 第二章 生物化学实验基本常识

## 第一节 实验基本操作

### 一、玻璃器皿的清洗

实验中所用玻璃器皿清洁与否，直接影响实验结果，往往由于器皿的不清洁或被污染而造成较大的实验误差，有时甚至会导致实验的失败。

**1. 初用玻璃器皿的清洗** 新购买的玻璃仪器表面常附着有游离的碱性物质，可先用洗涤灵或洗衣粉洗刷，再用自来水洗净，然后浸泡在1%～2%（体积分数）盐酸溶液中过夜（时间不可少于4 h），再用自来水冲洗，最后用蒸馏水洗2次，在100～120 ℃烘箱内烘干备用。

**2. 使用过的玻璃器皿的清洗** 先用自来水洗刷至无污物，再用合适的毛刷蘸洗衣粉洗刷，或浸泡在洗涤剂中超声清洗（比色皿绝不可超声清洗），然后用自来水彻底洗净，用蒸馏水洗 2 次，烘干备用（计量仪器不可烘干）。清洗标准是洗净的玻璃仪器倒置后内壁不挂有水珠。

**3. 石英和玻璃比色皿的清洗** 比色皿用毕立即用自来水冲洗干净，再用蒸馏水反复冲洗，绝不可用强碱清洗，因为强碱会腐蚀抛光的比色皿，也不可用试管刷或粗布擦拭。比色皿内部被污染可用无水乙醇浸泡后清洗干净。一般洗涤方法难以洗净的比色皿可在通风橱中用盐酸、水和甲醇（1∶3∶4）混合溶液泡洗，一般不超过10 min。

### 二、塑料器皿的清洗

聚乙烯、聚丙烯等制成的塑料器皿，已经越来越多被应用于实验中。第一次使用塑料器皿时，可先用8 mol/L尿素（用浓盐酸调pH为1）清洗，再依次用自来水、1 mol/L KOH和蒸馏水清洗，然后用0.001 mol/L的乙二胺四乙酸（EDTA）除去金属离子的污染，最后用蒸馏水彻底清洗，以后每次使用时，可直接用洗涤剂清洗，然后用自来水和蒸馏水洗净即可。

### 三、铬酸洗液的配制

因已确定铬有致癌作用，因此配制和使用铬酸洗液时要极为小心。常用铬酸洗液的2种配制方法，如下所示。

（1）取100 mL浓硫酸置于烧杯内，小心加热，然后慢慢加入5 g重铬酸钾粉末，边加边搅拌，待全部溶解并缓慢冷却后储存在容器内。

（2）称取5 g重铬酸钾粉末，置于250 mL烧杯中，加5 mL水使其溶解，然后慢慢加入100 mL浓硫酸，待其冷却后储存于容器内。

铬酸洗液一般为棕色黏稠溶液，遇到有机溶剂或含水过多时变为绿色，此时需要更换洗液。

### 四、移液操作

吸量管是生物化学实验最常用的器材之一，测定的准确度与吸量管的正确选择和使用有密切关系。

### （一）吸量管的分类

常用的吸量管可以分为如下3类（图2-1）。

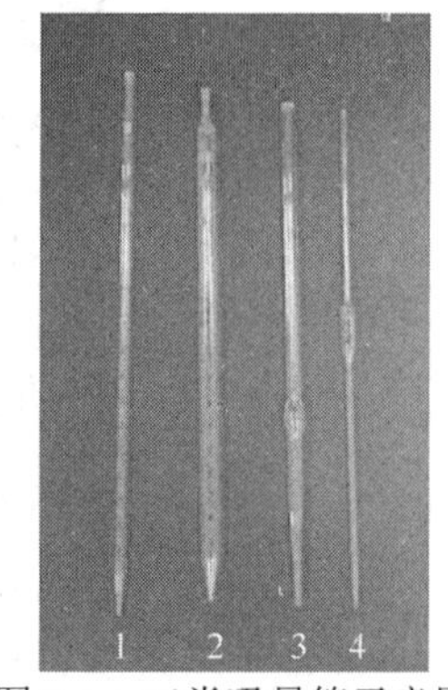

图2-1　三类吸量管示意图
1、2. 刻度吸量管；3. 奥氏吸量管；4. 移液管

**1. 奥氏吸量管**　供准确量取0.5 mL、1.0 mL、2.0 mL、3.0 mL液体所用。此种吸量管只有一个刻度，当放出所量取的液体时，管尖余留的液体必须吹入容器内。

**2. 移液管**　常用来量取50 mL、25 mL、10 mL、5 mL、2 mL、1 mL的液体，这种吸量管只有一个刻度，放液时，量取的液体自然流出后，管尖需在盛器内壁停留15 s，注意管尖残留液体不要吹出。

**3. 刻度吸量管**　供量取15 mL以下任意体积的溶液。一般刻度包括尖端部分。将所量液体全部放出后，还需要吹出残留于管尖的溶液。此类吸量管为"吹出式"，吸量管上端标有"吹"字。未标"吹"字的吸量管，则不必吹出管尖的残留液体。

### （二）吸量管的使用

**1. 选用原则**　准确量取整数量液体，应选用奥氏吸量管。量取大体积液体时要用移液管。量取任意体积的液体时，应选用与取液量最接近的吸量管。例如，欲取0.15 mL液体，应选用0.2 mL的刻度吸量管。同一定量试验中，如欲加同种试剂于不同管中，并且取量不同时，应选择一支与最大取液量接近的刻度吸量管。例如，各试管应加的试剂量为0.30 mL、0.50 mL、0.70 mL、0.90 mL时，应选用一支1.0 mL刻度吸量管。

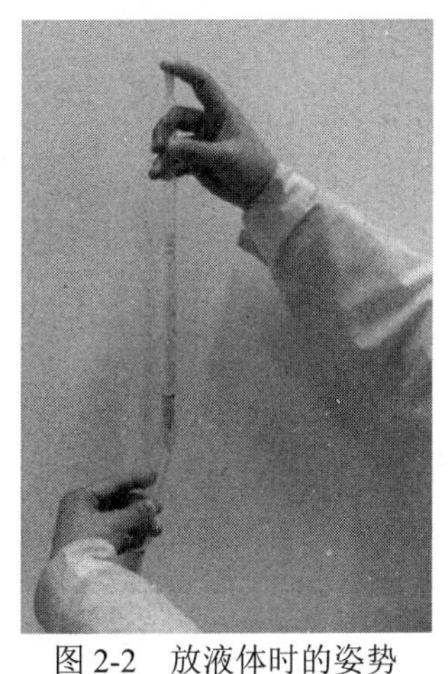
图2-2　放液体时的姿势

**2. 吸量管的使用**　使用吸量管时，用拇指和中指夹紧顶端部分，将管的下端插入液体，用洗耳球吸入液体到需要刻度标线上1～2 cm处（插入液面下的部分不可太深，也不可太浅，防止空气突然进入管内，将溶液吸入洗耳球内），用食指封闭上口将已充满液体的吸量管提出液面，使液面最凹处与眼睛处于同一水平线上，然后小心松开上口，调节液面至需要的刻度处。将吸量管移到另一容器，松开上口，使液体自由流出。最后再根据规定吹出或不吹出管尖的液体（图2-2）。

### （三）可调式移液器的使用

**1. 可调式移液器的结构**（图2-3）　可调式移液器内部有两挡，第一挡为吸液，第二挡为放液，手感十分清楚。

**2. 可调式移液器的操作**（图2-4）

（1）旋转调节轮至所需体积值。

（2）套上吸头，旋紧。

（3）垂直持握可调式移液器，用大拇指按至第一挡。

（4）将吸头插入溶液，徐徐松开大拇指，使其复原。

（5）将可调式移液器移出液面，必要时可用纱布或滤纸拭去附于吸头表面的液体（注意：不要接触吸头孔口）。

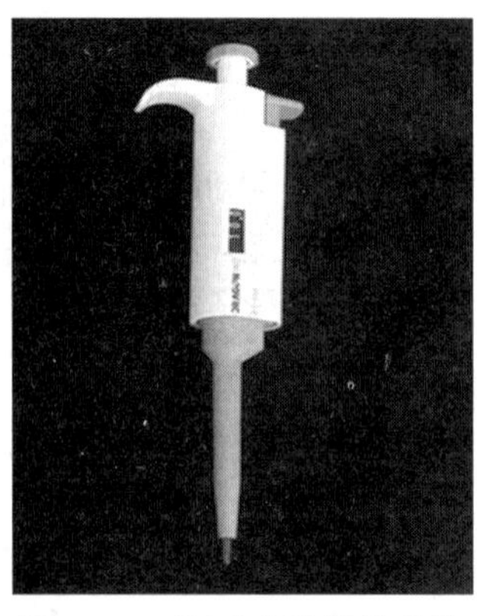

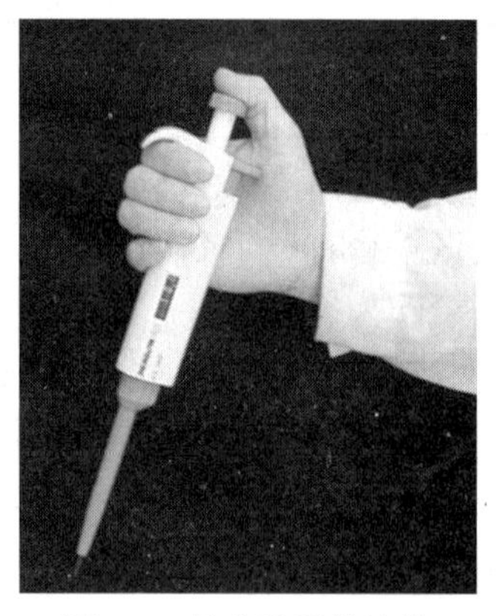

图 2-3 可调式移液器的结构 图 2-4 持移液器的姿势

（6）排放时，重新将大拇指按下，至第一挡后，继续按至第二挡以排空液体。

注意：移取另一样品时，按卸尖按钮弃掉吸头并更换新吸头。

## 五、混匀

样品和试剂的混匀是保证化学反应充分进行的一种有效措施。为使反应体系内各物质迅速接触，必须借助于外力的机械作用。常用的混匀方法有以下几种。

**1. 旋转法** 手持容器，使溶液做离心旋转。适用于未盛满液体的试管或小口器皿如锥形瓶。

**2. 指弹法** 一手执试管上端，另一只手轻弹试管下部，使管内溶液做旋涡运动。

**3. 搅动法** 使用玻璃棒搅匀，多用于溶解烧杯中的固体。

**4. 磁力搅拌混匀** 将磁力搅拌器放在平稳的工作台上，插上电源。将装有搅拌子和溶液的烧杯放在磁力搅拌器的镀铬盘正中，打开电源开关，调节转速或温度，开始搅拌。注意保持仪器清洁干燥。

**5. 混匀器法** 将容器置于混匀器的振动盘上，逐渐用力下压，使内容物旋转。

注意：混匀时谨防容器内液体溅出或被污染；严禁用手堵塞管口或瓶口振摇。

## 六、保温

将容器放入恒温水浴箱，调节温度设定钮至所需温度。水浴箱中水量要充足，实验过程中要随时监测温度并及时调节。

## 七、离心沉淀法

颗粒小而不均一、沉淀黏稠或容积小又需精确定量时，往往采取离心沉淀法。低速离心机的使用如下所示。

**1. 离心前检查** 取出所有套管，启动空载离心机，观察是否转动平稳；检查套管有无软垫，是否完好，内部有无异物；离心管与套管是否匹配。

**2. 离心原则**

（1）平衡：将一对离心管放入一对套管中，置于平衡好的天平两侧，用滴管向较轻一侧的离心管与套管之间滴水至两侧平衡。

（2）对称：将平衡好的一对套管放置于离心机中的对称位置。

**3. 离心操作**　对称放置配平后的套管，盖严离心机盖。调节转速旋钮，逐渐增加转速至所需值，计时。离心完毕后，缓慢将转速调回零。待离心机停稳后取出离心管，并将套管中的水倒净，所有套管放回指定位置。

**4. 注意事项**

（1）离心机的启动、停止都要慢，否则离心管易破碎或使液体从离心管中溅出。

（2）离心过程中，若听到特殊响声，应立即停止离心，检查离心管。若离心管已碎，应清除并更换新管；若离心管未碎，应重新平衡。

## 八、过滤

过滤操作用于收集滤液、沉淀或洗涤沉淀。在生物化学实验中如用于收集滤液应选用干滤纸，湿滤纸将影响滤液的稀释比例。滤纸过滤一般采用平折法（即对折后，再对折）并且使滤纸上缘与漏斗壁完全吻合，不留缝隙。向漏斗内加液时，要用玻璃棒引导而且不应倒入过快，勿使液面超过滤纸上缘。较粗的过滤可用脱脂棉或纱布代替滤纸。有时以离心沉淀法代替过滤法可达到省时、快捷的目的。

## 九、缓冲液与 pH 测定

生物体内进行的各种生物化学过程都是在精确的 pH 下进行的，因此，缓冲液的正确配制和 pH 的准确测定，在生物化学的研究工作中具有极为重要的意义。

缓冲液是一类能够抵制外界少量酸和碱的影响，仍能维持 pH 基本不变的溶液。该溶液的这种抗 pH 变化的作用称为缓冲作用。缓冲液通常是由 1 种或 2 种化合物溶于溶剂（即纯水）所得的溶液，溶液内所溶解的溶质（化合物）称为缓冲剂，调节缓冲剂的配比即可制得不同 pH 的缓冲液。

### （一）生物化学常用缓冲液

**1. 磷酸盐缓冲液**　磷酸盐（$H_2PO_4^-$和 $HPO_4^{2-}$）是生物化学研究中使用最广泛的一种缓冲剂，由于它们是二级解离，有 2 个 p$K_a$值，所以用它们配制的缓冲液，pH 范围最宽。

酸性缓冲液：用 $H_2PO_4^-$，pH 为 1～4。

中性缓冲液：用混合的 2 种磷酸盐，pH 为 6～8。

碱性缓冲液：用 $HPO_4^{2-}$，pH 为 10～12。

磷酸盐缓冲液的优点：①容易配制成各种浓度的缓冲液；②适用的 pH 范围宽；③pH 受温度的影响小；④缓冲液稀释后 pH 变化小，如稀释 10 倍后 pH 的变化小于 0.1。其缺点：①易与常见的 $Ca^{2+}$、$Mg^{2+}$及重金属离子缔合生成沉淀；②会抑制某些生物化学过程，如对某些酶的催化会产生某种程度的抑制作用。

**2. Tris 缓冲液**　Tris 缓冲液在生物化学研究中多用于电泳缓冲液。十二烷基硫酸钠（SDS）-聚丙烯酰胺凝胶电泳（polyacrylamide gel electrophoresis，PAGE）中使用 Tris 缓冲液，很少再用磷酸盐缓冲液。

Tris 缓冲液的常用有效 pH 范围是“中性”范围。例如，Tris-HCl 缓冲液 pH 为 7.5～8.5；Tris-磷酸盐缓冲液 pH 为 5.0～9.0。

Tris-HCl 缓冲液的优点：①因 Tris 的碱性较强，所以可只用这一种缓冲体系，配制由酸性到碱性的大范围 pH 缓冲液；②对生物化学过程干扰很小，不与 $Ca^{2+}$、$Mg^{2+}$及重金属离子发生沉淀。其缺点：①缓冲液的 pH 受溶液浓度影响较大，缓冲液稀释 10 倍，pH 的变化大于 0.1；②温度效应大，温度变化对缓冲液 pH 的影响很大，如 4 ℃时缓冲液的 pH 为 8.4，37 ℃时的 pH 为 7.4，所以一定要在使用温度下进行配制，若为室温下配制的 Tris-HCl 缓冲液，则室温不能低于 0 ℃；③易吸收空气中的 $CO_2$，所以配制的缓冲液要盖严密封；④此缓冲液对某些 pH 电极有一定的干扰作用，需使用与 Tris 缓冲液具有兼容性的电极。

**3. 有机酸缓冲液** 这一类缓冲液多数是用羧酸与它们的盐配制而成，pH 范围为酸性，即 pH 为 3.0～6.0，最常用的是甲酸-甲酸盐缓冲液、乙酸-乙酸钠缓冲液、琥珀酸-琥珀酸钠缓冲液及柠檬酸-柠檬酸钠缓冲液体系。

有机酸缓冲液的缺点：①这些羧酸都是天然的代谢产物，因而对生物化学反应过程可能发生干扰作用；②柠檬酸盐和琥珀酸盐可以与金属离子（$Fe^{3+}$、$Zn^{2+}$、$Mg^{2+}$等）结合而使缓冲液受到干扰；③这类缓冲液易与 $Ca^{2+}$结合，所以样品中有 $Ca^{2+}$时，不能用这类缓冲液。

**4. 硼酸盐缓冲液** 常用的有效pH范围是8.5～10.0，它是碱性范围内最常用的缓冲液。优点是配制方便，只使用一种试剂；缺点是能与很多代谢产物形成络合物，尤其是能与糖类的羟基反应生成稳定的复合物而使缓冲液受到干扰。

**5. 氨基酸缓冲液** 此缓冲液使用的范围宽，为 pH 2.0～11.0，最常用的有甘氨酸-HCl 缓冲液（pH 为 2.0～5.0）、甘氨酸-NaOH 缓冲液（pH 为 8.0～11.0）、甘氨酸-Tris 缓冲液（pH 为 8.0～11.0）。

此类缓冲液的优点：为细胞组分和各种提取液提供更接近天然的环境。其缺点：①与羧酸盐和磷酸盐缓冲体系相似，也会干扰某些生物化学反应过程；②试剂的价格较高。

### （二）pH 的测定

测定溶液 pH 通常有如下 2 种方法。

**1. pH 试纸法** 最简便但较粗略的方法是用 pH 试纸法。pH 试纸可分为广泛 pH 试纸和精密 pH 试纸 2 种。广泛 pH 试纸的变色范围是 pH 为 1.0～14.0，只能粗略确定溶液的 pH。精密 pH 试纸是按测量区间分的，可以将 pH 精确到小数点后一位。其变色范围是 2～3 个 pH 单位并可以通过不同指示剂进行比对，有 pH 为 1.0～3.0、4.0～7.0、8.0～10.0 等多种，可根据待测溶液的酸、碱选用某一范围的试纸。测定的方法是将试纸条剪成小块，用镊子夹一小块试纸（不可用手拿，以免污染试纸），用玻璃棒蘸少许溶液与试纸接触，试纸变色后与色阶板对照，估读出所测 pH。切不可将试纸直接放入溶液中，以免污染样品溶液。也可将试纸块放在白色点滴板上观察和估测。试纸要存放在有盖的容器中，以免受到实验室内各种气体的污染。

**2. pH 计法** 精确测定溶液 pH 要使用 pH 计，其精确度可达 0.005 个 pH 单位，关键是要正确选用和校对 pH 电极。过去是使用 2 个电极，即玻璃电极和参比电极，目前已被淘汰，被 2 种电极合一的复合电极所代替，复合电极组装在一根玻璃管或塑料管内，下端玻璃泡处有保护罩，使用十分方便，尤其便于测定少量液体的 pH。

使用 pH 计时应注意以下几点。

（1）经常检查电极内 4 mol/L KCl 溶液的液面，如液面过低则应补充 4 mol/L 的 KCl 溶液。

（2）玻璃泡极易破碎，使用时必须极为小心。

（3）复合电极长期不用，可浸泡在 2 mol/L 的 KCl 溶液中，平时可浸泡在去离子水或缓冲液中，使用时取出，用蒸馏水冲洗玻璃泡部分，然后用吸水纸吸干余水，将电极浸入待测溶液中，稍加搅拌，读数时电极应静止不动，以免数字跳动不稳定。

（4）使用时复合电极的玻璃泡和半透膜小孔要浸入溶液中。

（5）使用前要用标准缓冲液校正电极，常用的 3 种标准缓冲液 pH 为 4.00、6.88 和 9.23（20 ℃），精度为±0.002 个 pH 单位。校正时先将电极放入 6.88 的标准缓冲液中，用 pH 计上的“标准”旋钮校正 pH 读数，然后取出电极洗净，再放入 pH 为 4.00 或 9.23 的标准缓冲液中，用“斜率”旋钮校正 pH 读数，如此反复多次，直至 2 点校正正确，再用第三种标准缓冲液检查。现在有的 pH 计可以自动校正，按“yes”确定即可，标准缓冲液不用时应冷藏保存。

（6）电极玻璃泡容易被污染。若测定较浓蛋白质溶液的 pH 时，玻璃泡表面会覆盖一层蛋白质膜，不易洗净而干扰测定，此时可用 0.1 mol/L 的 HCl 和 1 mg/mL 胃蛋白酶溶液浸泡过夜。若被油脂污染，可用丙酮浸泡。若电极保存时间过长，校正数值不准时，可将电极放入 2 mol/L 的 KCl 溶液中，于 40 ℃加热 1 h 以上，进行电极活化。

（7）溶液 pH 取决于溶液中的离子活度而不是浓度，只有在很稀的溶液中，离子的活度才与其浓度相等。生物化学实验中经常配制比使用浓度高 10 倍的“储备液”，使用时再稀释到所需浓度，由于浓度变化很大，溶液 pH 会有变化，因而，稀释后仍需对其 pH 进行调节。

（8）有的缓冲液（如 Tris 缓冲液）的 pH 受温度影响很大，所以配制和使用都要在同一温度下进行。

## 十、舍弃物的处理

实验舍弃物必须依照其性质适当处理，以免造成实验材料浪费，损坏水槽及下水管道，或污染实验环境。

**1. 固体舍弃物**　如用过的滤纸、损坏的软木塞及橡皮类物品、玻璃碴、火柴梗等，必须放入废物筒或篓中，切勿丢于水槽中。若废弃物为医疗用品（棉签、纱布、针管等）则需要分类放入医疗垃圾桶中。

**2. 废硫酸或洗液**　应先倾入大量水稀释，再倒入水槽中以大量水冲走。

**3. 实验完成后的沉淀或混合物**　含有可提取或可回收的贵重物品者，不可随意舍弃，应放入指定的回收器中。

**4. 实验完成后的动物尸体**　应交回实验动物中心，或放置在专门存放动物尸体的冰柜中，由实验动物中心统一回收处置。

## 十一、试剂的存放、分类和保管

### （一）存放原则

试剂存放要做到分开存放、取用方便、注意安全、保证质量。强氧化剂和易燃品必须严格分开，以免发生剧烈氧化而释放出热量，引起燃烧。挥发性酸或碱不能跟其他试剂混放，以免试剂变质，最好放置于通风橱中。

化学实验室应储备一定量的化学试剂。大量的备用原装试剂应存放在有通风设备的储藏室内。实验准备室和学生实验室只存放小部分药品或已配制的各种浓度溶液。

### （二）一般试剂的分类和排列

存放在试剂柜或试剂架上的试剂要按一定的规律分类，有次序地放在固定位置上，便于查找和取用。

无机化学试剂和有机化学试剂要分开存放，根据试剂的组成和性质分类存放。特殊试剂，如检测试剂、指示剂等，可以按用途归类存放。

**1. 无机试剂** 先按单质、氧化物、酸、碱和盐分类。单质，如金属可依照金属活动性顺序排列。盐类先根据其阴离子所属元素族（如碳族、氮族、氧族、卤族等）分类，再依照金属活动性顺序（盐的阳离子）排列存放。

**2. 有机试剂** 除危险品外，根据有机溶剂的分子结构特点和性质按如下顺序存放：烃类（链烃及芳香烃）、烃的衍生物（卤代烃、醇、酚、醚、醛、酮、羧酸及其盐类、酯）、糖类、含氮有机物、高分子化合物。

### （三）易变质试剂的保存

化学试剂在储存时常因保管不当而变质。有些试剂容易吸湿而潮解或水解；有的容易与空气中的氧气、二氧化碳或扩散在其中的其他气体发生反应，还有一些试剂受光照和环境温度的影响会变质。因此，必须根据试剂的不同性质，分别采取相应的措施妥善保存。一般有以下几种保存方法。

**1. 密封保存** 试剂取用后一般都用塞子盖紧，特别是挥发性的物质（如硝酸、盐酸、氨水）及很多低沸点有机物（如乙醚、丙酮、甲醛、乙醛、氯仿、苯等），必须严密盖紧。有些吸湿性极强或遇水蒸气发生强烈水解的试剂，如五氧化二磷、无水氯化钙等，不仅要严密盖紧，还要蜡封。

在空气里能自燃的白磷保存在水中。活泼的金属钾、钠要保存在煤油中。

**2. 用棕色瓶盛放和安置在阴凉处** 光照或受热容易变质的试剂（如浓硝酸、硝酸银、氯化汞、碘化钾、过氧化氢及溴水、氯水）要存放在棕色瓶里，并放在阴凉处，防止试剂分解变质。

### （四）危险药品要跟其他药品分开存放

具有易爆炸、易燃烧、毒害性、腐蚀性和放射性等危险性的物质，以及受到外界因素影响能引起灾害事故的化学药品，都属于化学危险品。

这些试剂要储藏在专门的储藏室内，至少要设立水泥铁板专橱。剧毒品必须存放在保险橱中，加锁保管。取用时至少由 2 人共同操作，并记录用途和用量，随用随取，严格管理。腐蚀性强的试剂要设立专门的存放橱。

（陆红玲）

## 第二节 实验误差与数据处理

### 一、误差

真实值与测量值之差称为误差，通常用准确度和精密度来评价误差的大小，测量的准确度表示测量的正确性；测量的精密度表示测量的重复性。

### （一）准确度

准确度是指测量值与真实值相接近的程度。测量值与真实值越接近，误差越小，准确度越高。误差可分为绝对误差和相对误差。

$$绝对误差=测量值-真实值$$

$$相对误差=\frac{绝对误差}{真实值}\times 100\%$$

例如，用分析天平称得 2 种蛋白质质量分别为 2.1750 g 和 0.2175 g，假定两者的真实值各为 2.1751 g 和 0.2176 g，则称量的绝对误差分别为

2.1750−2.1751=−0.0001（g）

0.2175−0.2176=−0.0001（g）

它们的相对误差应分别为

$$\frac{-0.0001}{2.1751}\times 100\% \approx -0.005\%$$

$$\frac{-0.0001}{0.2176}\times 100\% \approx -0.05\%$$

由此可见，2 种蛋白值称量的绝对误差虽然相等，但当用相对误差表示时，就可以看出第一种蛋白质称量的准确度是第二种准确度的 10 倍，因此，测量的准确度常用相对误差表示。因为真实值是不知道的，所以人们习惯把一个误差很小的值作为“真实值”来进行计算。

### （二）精密度

精密度是指一组测量值彼此符合的程度。精密度一般用偏差来表示。偏差是测量值与平均值之差，它分为绝对偏差和相对偏差。

$$绝对偏差=测量值-算术平均值$$

$$相对偏差=\frac{绝对偏差}{算术平均值}\times 100\%$$

和误差的表示方法一样，用相对偏差来表示实验的精密度比用绝对偏差更有意义。

在实验中，对某一样品进行多次平行测定，可求得其算术平均值。对结果的精密度有多种表示方法，这里介绍常用的 2 种方法。

**1. 平均绝对偏差和平均相对偏差表示法**　例如，5 次测得某种蛋白质制剂的含氮量为 16.1%、15.8%、16.3%、16.2%、15.6%，用平均偏差表示。

| 分析结果 | 算术平均值 | 绝对偏差（不计正负） |
| --- | --- | --- |
| 16.1% | | 0.1% |
| 15.8% | | 0.2% |
| 16.3% | 16.0% | 0.3% |
| 16.2% | | 0.2% |
| 15.6% | | 0.4% |

$$平均绝对偏差=\frac{0.1\%+0.2\%+0.3\%+0.2\%+0.4\%}{5}=0.24\%$$

$$平均相对偏差 = \frac{0.24\%}{16.0\%} \times 100\% = 1.5\%$$

测定结果可用数字 16.0%±0.24%表示。

**2. 标准差法** 例如，6 次测定血清钙含量为 9.90%、9.96%、9.94%、9.96%、9.92%、9.90%，求标准差。

（1）首先求其算术平均值

$$平均值 = \frac{9.90\% + 9.96\% + 9.94\% + 9.96\% + 9.92\% + 9.90\%}{6} = 9.93\%$$

（2）求绝对偏差

$d_1$=9.90%−9.93%=−0.03%

$d_2$=9.96%−9.93%=0.03%

$d_3$=9.94%−9.93%=0.01%

$d_4$=9.96%−9.93%=0.03%

$d_5$=9.92%−9.93%=−0.01%

$d_6$=9.90%−9.93%=−0.03%

（3）求出标准差（$s$）

$$s = \pm\sqrt{\frac{d_1^2 + d_2^2 + d_3^2 + d_4^2 + d_5^2 + d_6^2}{6-1}}$$

$$= \pm 0.02756\cdots\cdots\%$$

保留小数点后两位，$s = \pm 0.03\%$

结果用“平均值±标准差”表示：9.93%±0.03%。

首先，误差和偏差具有不同的含义。误差以真实值为标准；而偏差以平均值为标准，用平均值代替真实值来计算误差，得到的结果是偏差。

其次，用精密度来评价分析结果有一定的局限性。分析结果的精密度很高（即平均相对偏差很小）并不一定说明实验准确度也很高。如果分析过程中存在系统误差，可能并不影响每次测得数值之间的接近程度，即不影响精密度。但此分析结果却必然偏离真实值，也就是分析的准确度并不一定很高，当然，若是精密度不高，则无准确度可言。

## 二、产生误差的原因和校正

直接测量误差主要由下面 3 种原因产生：①测量方法本身的优劣；②测量仪器的精度；③测量者本人的习惯及熟练程度。

根据以上原因，可按误差性质和来源分为如下 3 类。

### （一）系统误差

系统误差也称可定误差，是由确定原因引起的，服从一定函数规律的误差，一般有一定的方向，即测量值总是比真实值大或比真实值小。常反复出现，多数情况可由对分析方法有透彻理解的人发现而清除。

这种误差多因测量方法错误、仪器或试剂不合格、操作不正规等原因造成。

为减少系统误差常采取下列措施。

**1. 空白试验** 在不加样品情况下，按与样品测定完全相同的操作和在完全相同的条件下进行分析，得到空白值。将样品分析的结果除去空白值，可以得到比较准确的结果。

**2. 回收率测定** 取一定量标准物质，添加到待测的未知样品中，与待测的未知样品同时做平行测定。

$$测定值=\frac{实际测定值}{理论值}\times 100\%$$

一般的分析方法，要求回收率为95%～105%。系统误差越大，回收率越低。

**3. 仪器校正** 对测定仪器进行校正，以减少误差。

**4. 操作正规** 严格按规范进行操作，提高实验技巧。

### （二）偶然误差

偶然误差是由不确定原因引起的，服从统计规律，具有抵偿性的误差，为了减少偶然误差，一般采取如下措施。

**1. 平均取样** 动植物新鲜组织可制成匀浆后取样。

**2. 多次取样** 进行多次平行测定后取算术平均值，可减少偶然误差。

### （三）过失误差

测量时犯了过失或测量条件突变而产生的误差，如读错刻度、溶液溅出、加错试剂等。在进行数据处理时应将此种数据除去不用。

## 三、有效数字

有效数字应是实际可能测定到的数字，它包括“可靠数字”和最后一位“欠佳数字”。记录数据时应选取几位有效数字，取决于实验方法与所用仪器的精确程度。由于电子计算机的使用，实验者往往不注意有效数字，而随意记录所用仪器不可能达到的精确数字，因此更应强调有效数字的必要。

例如，用分析天平称得某物为1.1415 g，有5位有效数字，而用台秤称得该物为1.14 g，则只有3位有效数字。

又如，以某刻度吸管量取某物，读数为1.00 mL，是3位有效数字；读取0.54 mL，是2位有效数字。

又如，

| | | | |
|---|---|---|---|
| 6位有效数字 | 111.004 | 1.260 14 | 12.500 0 |
| 5位有效数字 | 2189.0 | 12.001 | 1.200 0 |
| 4位有效数字 | 21.00 | 3.561 | 732.5 |
| 3位有效数字 | 23.0 | 0.0510 | $2.30\times 10^3$ |
| 2位有效数字 | 0.0010 | 1.5 | $1.2\times 10^5$ |
| 有效数字不明确 | 200 | 10 | 5000 |

### （一）有效数字的运算

**1. 加减法** 多个测量值相加减时，结果的有效数字应以各测量值最大欠准数字为准。

如
$$\begin{array}{r} 13.72 \\ 1.534 \\ +0.3005 \\ \hline 15.5545 \end{array}$$
，修约为15.55

**2. 乘除法** 多个测量值相乘除时，结果的有效数字应与有效数字位最少的那个测量值相同。

$$\frac{0.1545 \times 3.1}{0.112} = 4.2763\cdots \approx 4.2763\text{，修约为 }4.3$$

还应指出，有效数字位数最少的那个数，首位是 8 或 9 时，而其结果的首位不是 8 或 9 时，应多保留一位。

如　　0.9×1.2×36.1=38.988，修约为 39

　　　0.9×9=8.1

若一个数值没有欠准数字，便可认为是无限有效。例如，将 7.12 g 样品二等分，每份重量为

$$\frac{7.12}{2} = 3.56(\text{g})$$

式中，除数 2 不是测量所得，因此可认为是无限有效数字。

### （二）有效数字的修约

按“四舍六入五成双”规则进行修约，被修约的数字小于 5 时，该数字舍去；被修约的数字大于 5 时，则进位；被修约的数字等于 5 时，要看 5 前面的数字，若是奇数则进位，若是偶数则将 5 舍掉，即修约后末尾数字都成为偶数；若 5 的后面还有不为“0”的任何数，则此时无论 5 的前面是奇数还是偶数，均应进位。例如，用此规则对以下数据保留 3 位有效数字。

1. 14.2432→ 14.2
2. 26.4843 → 26.5
3. 31.05 →31.0
4. 11.15 → 11.2
5. 1.2451→ 1. 25
6. 不得连续修约：159.4546≠160　　　应为 159.4546 → 159

### （三）有效数字运算步骤

**1. 运算规则**　由于与误差传递有关，计算时加减法和乘除法的运算规则不太相同。①加减法：先按小数点后位数最少的数据保留其他各数的位数，再进行加减计算，计算结果也使小数点后保留相同的位数。例如，13.65+0.0823+1.633，其中 13.65 小数点后只有两位，所以要把 0.0823 修约成 0.08，1.633 修约成 1.63。②乘除法：先按有效数字最少的数据保留其他各数的位数，再进行乘除运算，计算结果仍保留相同有效数字。如，0.0121×26.64×1.05782，其中 0.0121 为 3 位有效数字，故把 1.05782 修约成 1.06，26.64 修约成 26.6。

**2. 进行加、减、乘、除运算**

$$\begin{array}{r} 13.65 \\ 0.08 \\ +1.63 \\ \hline 15.36 \end{array} \qquad \begin{array}{r} 0.0121 \\ 26.6 \\ \times 1.06 \\ \hline 0.3411716 \end{array}$$

**3. 最后对计算结果进行修约**

15.36 不用修约

0. 3411716→0.341

## 四、数据处理

对实验中所得到的一系列数据，应进行适当的分析、整理，才能反映出被研究对象的数量关系。在生物化学实验中，通常采用列表法或作图法表示实验结果，以使结果表达得清楚、明了。

**1. 列表法**（表 2-1）　将实验所得各数值用适当的表格列出，并表示出它们之间的关系。通常数据的名称和单位写在标题栏中，表内只填写数字，数字应正确反映测定的有效数字，必要时应计算出误差值。

**表 2-1　血清总蛋白吸光度测定结果**

| | 吸光度 | | |
|---|---|---|---|
| | 空白管 | 标准管 | 测定管 |
| 第一次测量 | 0.125 | 0.356 | 0.588 |
| 第二次测量 | 0.120 | 0.349 | 0.523 |
| 第三次测量 | 0.121 | 0.321 | 0.556 |
| 平均值 | 0.122 | 0.342 | 0.556 |

**2. 作图法**　实验所得到的一系列数据之间的关系及其变化情况，可以用图形直观地表现出来。作图时通常先在坐标纸上确定坐标轴，标明轴的名称和单位，然后将各数值用“○”或“×”等符号标记在坐标纸上，再用直线或曲线把各点连接起来。图形必须是平滑的曲线或直线，可以不通过所有的点，但要求线两旁偏离的点分布较均匀。在画线时，个别偏离过大的点应当舍去，或多次重复实验校正，采用作图法时至少需要有 5 个点，否则便没有意义。

（陆红玲）

# 第三节　实验样品的制备

在生物化学实验中，无论是分析组织中各种物质的含量，或是探索组织中物质代谢过程，皆需利用特定的生物样品。由于实验的特殊要求，常需要将获得的样品预先做适当处理，掌握此种实验样品的正确处理与制备方法是做好生物化学实验的先决条件。

基础生物化学实验中，最常用的人体或动物样品有如下几种：①血液样品，如全血、血清、血浆及无蛋白质血滤液；②尿液样品；③组织样品，如用肝、肾、胰、胃黏膜或肌肉等组织制成的组织糜、组织匀浆、组织切片或组织浸出液等。现将这些样品的制备方法扼要介绍如下。

## 一、血液样品

**1. 全血**　在收集动物或人体血液时，一方面要注意仪器的清洁与干燥；另一方面要及时加入适当的抗凝剂以防止血液凝固。一般在血液取出后，迅速盛于含有抗凝剂的试管内，同时轻轻摇动，使血液与抗凝剂充分混合，以免形成凝血小块。收集的全血如不立即进行实验，应储存于冰箱中。

常用的抗凝剂有草酸盐、柠檬酸盐、氟化钠或肝素等，可视实验要求而定。一般情况下，用廉价的草酸盐即可，但在测定血钙时不适用。氟化钠可作为测定血糖时的良好抗凝剂，因其兼有抑制糖酵解的作用，可避免血糖分解。但氟化钠也能抑制脲酶，故在用脲酶测定尿素时不适用。肝素虽较好，但价格贵，尚不能普遍应用。

抗凝剂用量不应过多，以免影响实验结果。通常每毫升血液加 1～2 mg 草酸盐、5 mg 柠檬酸钠或 5～10 mg 氟化钠，肝素仅需要 0.01～0.2 mg，最好将抗凝剂制成适当浓度的水溶剂，然后取 0.5 mL 置于准备盛血的试管中，再横放蒸干（肝素不宜超过 30 ℃），使抗凝剂在管壁上形成一层薄膜，使用时较为方便，效果也好。

**2. 血浆** 上述抗凝全血在离心机中离心，血球下沉，上清液即为血浆。如需应用血浆分析，必须严格防止溶血。故要求采血时所需一切用具（注射器、针头、试管等）皆应清洁干燥，不能剧烈振摇取出的血液。

**3. 血清** 收集的血液不加抗凝剂，在室温下 5～20 min 即自行凝固，通常经 3 h，血块收缩而分出血清。为促使血清分出，必要时可离心分离，这样可缩短时间，并取得较多的血清。

制备血清也要防止溶血，一方面，仪器要干燥；另一方面，血块收缩后，及早分离出血清，因为放置过久，血块中血球也可能溶血。

**4. 无蛋白血滤液** 许多生物化学分析要避免蛋白质的干扰，为此，常先将其中蛋白质沉淀后去除。分析血液中许多成分时，也常除去蛋白质，制成无蛋白血滤液。例如，测定血液中的非蛋白氮、尿酸、肌酸等需把血液制成无蛋白血滤液后，再进行分析测定。蛋白质沉淀剂如钨酸、三氯乙酸或氢氧化锌均可用于制备无蛋白血滤液，可根据不同的需要加以选择。

## 二、尿液样品

一般定性实验只需将尿液收集一次即可，但一日之内所排出尿液中的成分随食物、饮水及一昼夜的生理变化等的不同而有很大的差异，因此若定量测量尿液中各种成分皆应收集 24 h 尿液混合后取样。通常在早晨一定时间第一次排尿，弃去，以后每次尿液均收集于清洁大玻璃瓶中，到次日晨第一次排尿同一时间收集最后一次尿液即可，随即混合并用量筒量准其体积。

收集的尿液如不能立即进行实验，则应置于冷处保存。必要时可在收集尿液时即于收集的玻璃瓶中加入防腐剂如甲苯、盐酸等，通常每升尿液中约加入 5 mL 甲苯或 5 mL 盐酸即可。

如需收集动物尿液，可将动物置于代谢笼中，其排出的尿液经笼下漏斗流入瓶中而收集。

## 三、组织样品

离体不久的组织，在适宜的温度及 pH 等条件下，可以进行一定程度的物质代谢。因此，在生物化学实验中，常利用离体组织，研究各种物质代谢的途径或酶的作用，也可以从组织中提取各种代谢物质或酶进行研究。但各种组织器官离体过久，都要发生变化。例如，组织中的某些酶久置后会发生变性而失活。有些组织成分如糖原、ATP 等，甚至在动物死亡数分钟至十几分钟内，其含量还明显降低，因此，利用离体组织做代谢研究或作为提取材料时都必须迅速将其取出，并尽快地进行提取或测定。一般采用颈椎脱臼法处死动物，放出血液，立即取出实验所需脏器或组织，去除外层的脂肪及结缔组织后，用冷生理盐水洗去血液，必要时，也可用冷生理盐水灌注脏器以洗去血液，再用滤纸吸干，即可用来做实验。取出的脏器或组织，可根据不同的目的，用以下不同的方法制成不同的组织样品。

**1. 组织糜**　将组织用剪刀迅速剪碎，或用绞肉机绞成糜状即可。

**2. 组织匀浆**　新鲜组织称取重量后剪碎，加入适当的匀浆制备液，用高速电动匀浆器或用玻璃匀浆管打碎组织。后者由一个特制的厚壁毛玻璃管及一端带有磨砂的玻璃杵组成（图 2-5），杵头的外壁，必须紧靠毛玻璃管的内壁。使用时将玻璃杵与可以调节速度的电动马达相连接，并将匀浆管套上打洞的软木塞插入盛有冰块的广口瓶中，再将剪碎的组织悬浮于少量匀浆制备液中，倒入玻璃匀浆管，将玻璃杵插入其中，开动马达，调节其转动速度，使杵头紧靠着毛玻璃管的管壁旋转。小心地将套有玻璃匀浆管的广口瓶上下移动，以使杵头在毛玻璃管中上下移动。如此依靠杵头与毛玻璃管壁的迅速研磨作用，可将组织磨碎而制成匀浆。由于高速电动匀浆器的刀片或玻璃匀浆管的杵头快速转动，摩擦生热。因此，一般在制备匀浆时，需要将高速电动匀浆器或玻璃匀浆管置于冰浴中。常用的匀浆制备液有生理盐水、缓冲液、Krebs-Ringer 溶液及 0.25 mol/L 蔗糖溶液等，可根据实验的不同要求，加以选择。

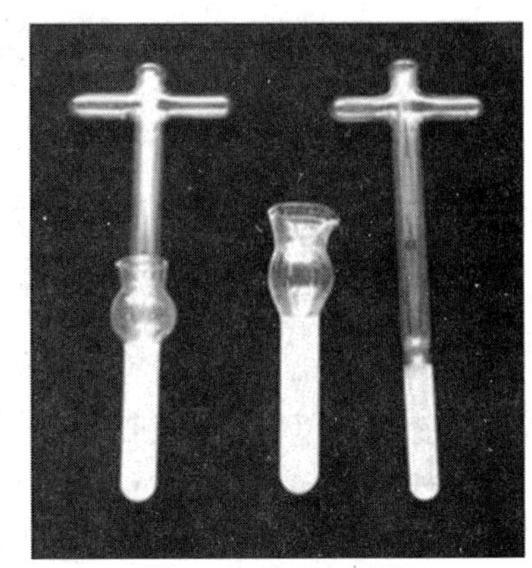

图 2-5　玻璃匀浆管

**3. 组织浸出液**　将上法制成的组织匀浆加以离心，其上清液即为组织浸出液。

**4. 组织切片**　在清洁的木块或玻璃板上铺一张预先用冷生理盐水润湿过的滤纸，将一小块新鲜组织平放于此滤纸上，左手用载玻片轻轻按住组织（不可用力挤），右手用经冷生理盐水润湿过的锋利刀片从靠近载玻片的位置切下组织，切入时刀片必须保持平稳，使切片厚薄均匀，一般要求切片的厚度为 0.2 cm 左右。切下的组织切片可在扭力天平上称取重量后，放入冰冷的 Krebs-Ringer 溶液中待用。

（张　勇）

# 第二篇　常用生物化学与分子生物学实验技术

# 第三章　光度法的原理与分光光度计的使用

在生物化学定性、定量的实验研究中，运用最广泛的测定方法是比色法。比色法属吸收光谱分析，即用一束光通过待测物溶液，获得入射光强度与透过光强度的变化率，借此来对待测物进行定性、定量分析。比色法从最初的可见光区推广到紫外线区、红外线区，从用一定波长范围的光推广到用单一波长的光，运用范围日益广泛，灵敏度、准确性日渐提高，现在，各种光电比色计、分光光度计已成为实验室必备的仪器。

## 一、原理

### （一）吸收测量的可能

表 3-1　光波长

| 光波 | 波长（λ） |
|---|---|
| 紫外线 | |
| 远紫外线 | 10～200 nm |
| 短波紫外线 | 200～280 nm |
| 中波紫外线 | 280～315 nm |
| 长波紫外线 | 315～400 nm |
| 可见光 | |
| 紫 | 400～450 nm |
| 蓝 | 450～500 nm |
| 绿 | 500～580 nm |
| 黄 | 580～610 nm |
| 橙 | 610～650 nm |
| 红 | 650～780 nm |
| 红外线 | |
| 近红外 | 0.78～3 μm |
| 中红外 | 3～6 μm |
| 远红外 | 6～15 μm |

光波是一种电磁波，一定波长的光具有一定的光能量，光的波长越短，所具有的光能量越大，人们按肉眼能否感知将光分为可见光（波长范围 400～780 nm）、紫外线（波长小于 400 nm）、红外线（波长大于等于 780 nm，小于 15 μm），如表 3-1 所示。

物质的基本组成单位是分子，分子由原子组成，原子又由原子核及核外电子组成，整个分子及核外电子均处于一定的能级状态，核外电子或整个分子可以吸收一定的光能量，发生跃迁或转动、振动。各种物质由于所组成的核外电子不同，只能吸收一定的光能量，表现为对一定波长的光选择性吸收，这就给吸收光谱测量带来可能。

### （二）朗伯-比尔定律

早在 20 世纪前，人们就发现：当光通过某一溶质的溶液时，光的强度变化与溶液的浓度和液层的厚度存在着一定的关系。

1760 年，朗伯（Lambert）指出：一束单色光通过透明溶液介质时，光能被吸收一部分，被吸收的光能量与溶液介质厚度有一定的比例关系（图 3-1）。被吸收的光能量可以用光密度（optical density，OD）或吸光度（absorbance，$A$）表示。图中，$I_0$ 为入射光强度；$I$ 为透过光强度；$l$ 为溶液介质的厚度；$c$ 为溶液介质的浓度。

1852 年，比尔（Beer）做了类似实验，指出光的强度变化与溶液中溶液浓度也存在类似关系。

即　　　　　　　　$A=Kcl$　　　　　　　　（3-1）

$K$ 为吸光系数。

式（3-1）为朗伯-比尔（Lambert-Beer）定律的物理表达式，其含义：一束单色光通过溶液介质后，光能被吸收一部分，吸收多少与溶液的浓度和厚度成正比。

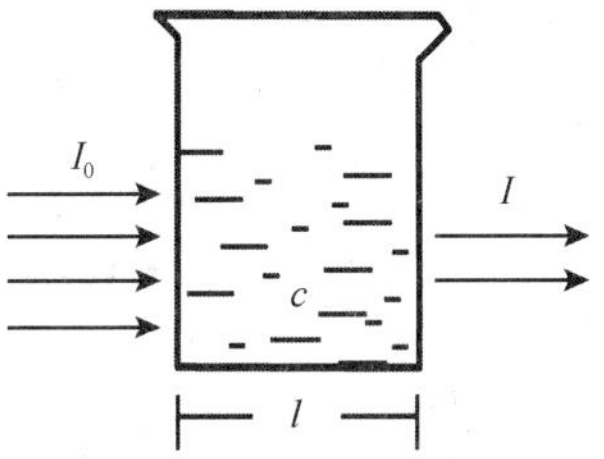

图 3-1　光吸收示意图

Lambert-Beer 定律是整个比色测定的理论基础。

### （三）比色测定的局限性

**1.** 只有单色光辐射吸收，才严格遵循 Lamert-Beer 定律。所谓单色光，即指单一波长的光。如果用杂光源照射，吸光度与浓度不成直线关系。

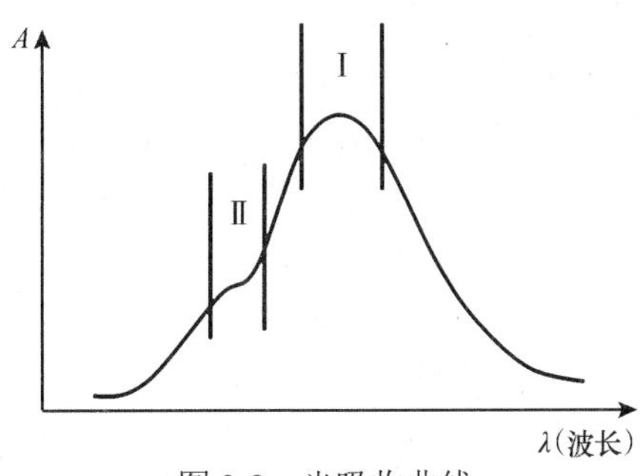

图 3-2　光吸收曲线

基于此，现代分光光度计在提高光的单色性上做了大量工作，尽管如此，要获得十分单一的光辐射是相当困难的。故在实际测量时，常需做所测物溶液的光吸收曲线，选择灵敏且吸光度与波长相对变化不大的区域为测定时波长。如图 3-2 所示，选择Ⅰ区显然较Ⅱ区优良。

**2.** 仅适用于稀释溶液。在高浓度溶液里，粒子间相互影响增大，可改变吸光能力，使吸光度与浓度不成直线关系。

**3.** 混合物溶液中多种物质共存，其光吸收可能相互干扰，因此，必须尽可能除去可能引起干扰的物质。

**4.** 吸光度控制在一定的范围。实验证明，比色测定时，$A$=0.368 时测定值与真实值的误差最小，故一般应控制吸光度在 0.2～0.8 范围内，过低或过高则测定误差均大大增加，实际测量时，多控制吸光度在 0.1～0.65 范围内。

以上是以 Lambert-Beer 定律为基础的比色测定的局限性，亦为实际测定时应注意之处。

## 二、仪器及使用

吸收光谱测定的常用仪器常分为两大类：光电比色计与分光光度计，两者均有如下基本结构（图 3-3）。

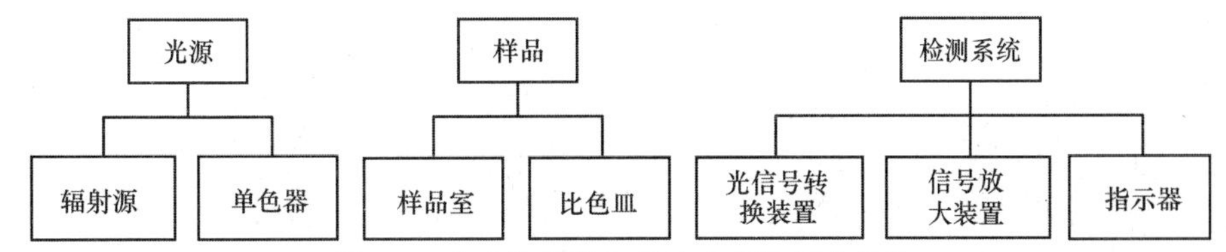

图 3-3　光电比色计与分光光度计基本结构

光电比色计采用滤光片滤除其他的杂光，光线的纯度低，精度差；一般用于可见光，只有几块滤光片，使用范围窄。分光光度计采用分光系统（光栅或棱镜）获取单色光，光线的纯度高，精度好，可在仪器工作波长范围内任意选取所需波长。

分光光度计可分为紫外分光光度计、可见光分光光度计（或比色计）、红外分光光度计、荧光分光光度计和原子吸收分光光度计等几种类型。各种型号的仪器使用中均有共同步骤：①开稳压电源；②预热；③调仪器零点；④调空白零点；⑤测定。下面介绍几种实验室常用光电比色计和分光光度计的基本结构和使用方法。

**1. 581-G 型光电比色计**　见图 3-4。操作方法如下所述。

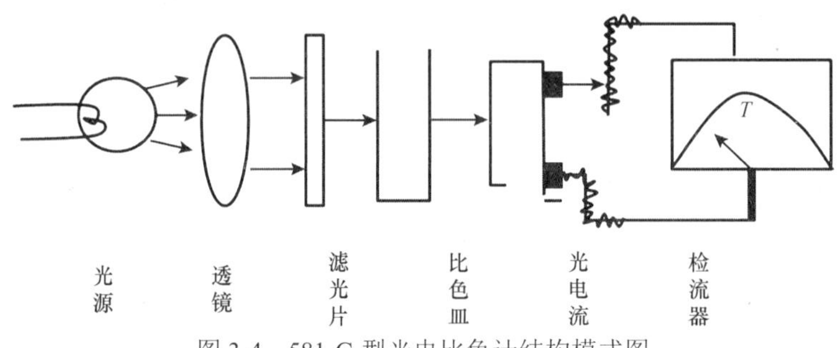


图 3-4　581-G 型光电比色计结构模式图

（1）将 581-G 型光电比色计置于背光而平稳的台面上，按规定接上电源，拨开关使其指向“1”，预热 10 min，旋转零点调节器，使读数盘上亮圈中的黑线位于透光率（*T*）为“0”或吸光度为“∞”处。然后选择适当滤光片插入滤光片插座中。

（2）取清洁比色皿（只能接触毛玻璃面）分别盛装空白液、对照液及测定液至约 3/4 容积，分别装入比色槽中。比色皿外面如有水珠，必须用软绸布或擦镜纸擦干，以免污染或损坏比色计。

（3）将盛装空白液的比色皿置于光路上，再将开关拨向“2”位置，依次利用粗调节及细调节改变电阻，使读数盘上亮圈中的黑线恰好于透光率为“100”或吸光度为“0”处。移动比色槽使盛装测定液的比色皿置于比色位置，读数盘上亮圈发生移动，等光圈移动停止后，立即读记亮圈黑线所指的吸光度值。再重复 2 次，以求准确。

（4）读数结束后，将另一盛装测定液的比色皿置于光路上按上述方法继续读取吸光度，如需取出比色皿，应先将开关拨回到“1”后再进行操作。

（5）使用结束后，将开关拨到“0”，拔去电源，取出比色皿，及时清洗，放置晾干，切忌用毛刷刷洗，以免损坏玻璃的透光性。

**2. 72 型分光光度计**　72 型分光光度计由四大件组成：电磁稳压电源、单色光器、读数盘、检流计。结构如图 3-5 所示。操作方法如下所示。

（1）使用时先将单色光器分别与电磁稳压电源及检流计连接好，然后将电磁稳压电源及检流计的电源分别与电压适合的交流电相接，依次打开三大部件电源开关，使全部仪器通电，预热 10 min。

（2）将空白液或对照液及测定液分别装入比色皿内，并将比色皿外壁擦干置于比色盒中，通常将盛装空白液的比色皿置于近端第一位，盛装测定液的比色皿置于前面 2 个位置，将比色盒再放入比色箱中，检查是否稳妥，随即盖好箱盖。

（3）将单色光器波长盘调至所需波长，再调节检流计上零点调节器，使读数盘上指针所指的吸光度为“∞”或透光率为“0”。

（4）打开单色光器上的光径开关，使光线射入，然后用光量调节器改变狭缝的宽度，使读数盘上的指针移动到吸光度为“0”或透光率为“100%”。待读数盘指针稳定时，逐步拉出比色槽滑杆，同时读取读数盘上吸光度值。

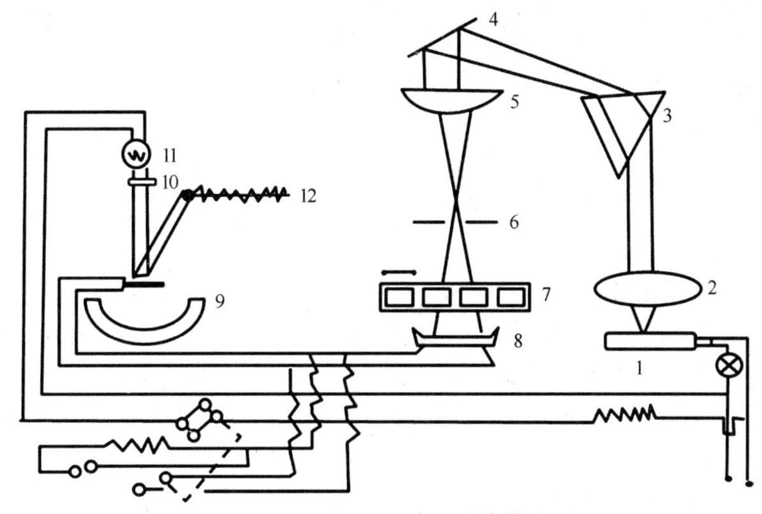

图 3-5　72 型分光光度计结构模式图

1. 光源；2. 透镜；3. 光学棱镜；4. 光学平面镜；5. 透镜；6. 狭缝；7. 比色皿；8. 硒光电池；9. 检流计；10. 透镜；11. 检流计光源；12. 读数盘

（5）读数完毕，立即关闭光径通路开关，再取出比色盒，将比色皿冲洗干净。

**3. 751 型分光光度计**　结构如图 3-6 所示。使用方法如下所示。

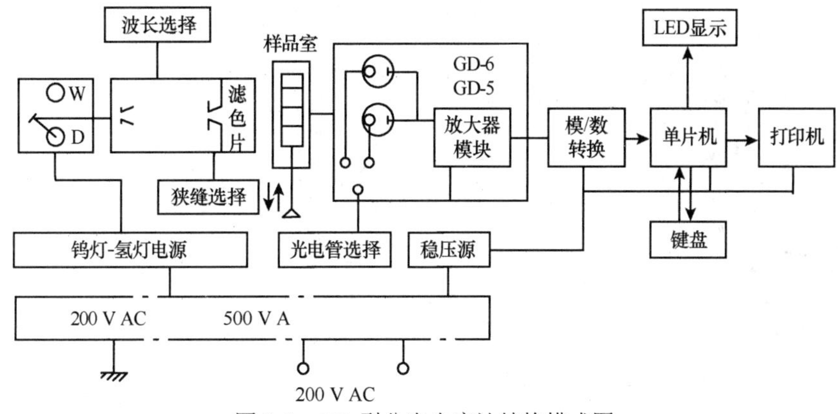

图 3-6　751 型分光光度计结构模式图

（1）打开仪器电源预热 20 min 左右，使仪器稳定工作。

（2）选择相应于波长的光源灯、比色皿和光电管。钨灯适用于波长 320～1000 nm 范围，氢灯适用于 200～320 nm 范围。400 nm 以上的波长用玻璃比色皿，400 nm 以下的波长用石英比色皿。手柄推入为紫敏光电管，用于 200～650 nm 波长；手柄拉出为红敏光电管，用于 650～780 nm 波长。

（3）灵敏度旋钮从左面“停止”位置顺时针方向旋转 3 圈左右。

（4）将选择开关扳到“校正”处。

（5）调节波长刻度到所需的波长。

（6）调节暗电流使电表指针到“0”，为了得到较高的准确度，每测量一次，暗电流校正一次。

（7）将盛装空白液的比色皿放在比色皿架的第一格，其他放测定液的比色皿，盖上暗盒，使空白溶液对准光路。

（8）将读数电位计调至透光率为“100%”（即吸光度为 0）。

（9）将选择开关扳到“XI”，拉开暗电流闸门，使单色光进入光电管。

（10）调节狭缝，大致使电表指针到“0”位，然后用灵敏度旋钮细调，使指针正确地指在“0”位。

（11）轻轻拉动比色皿架拉杆，使盛装测定液的比色皿进入光路，此时电表指针偏离“0”位。

（12）旋转读数电位计，使电表指针重新指到“0”位，读取测定液的吸光度值。在指针平衡后，要将暗电流闸门重新关上，以便保护光电管，勿使受光太长而疲劳。

（13）当选择开关放在“×1”时，透光率为 0～100%，吸光度为∞～0。当透光率小于10%时，可选用“×0.1”的选择开关，以获得较精确的数值，此时读出的透光率数值要“×0.1”，或相应的吸光度值要加上 1。

**4. 722 型分光光度计** 结构如图 3-7 所示。使用方法如下所示。

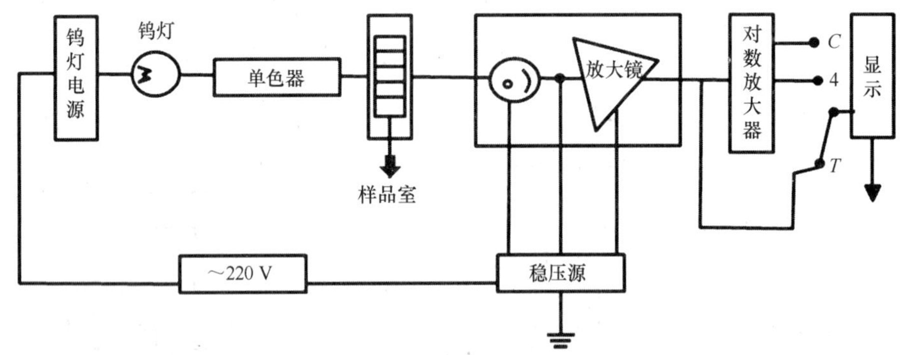


图 3-7 722 型分光光度计结构模式图

（1）预热：打开电源开关，打开样品室，使仪器预热 20 min。

（2）调波长：转动波长手轮，调至所需要的单色波长。

（3）调节透光率为 0：调节功能键到“T”挡，将盛装空白液、测定液的比色皿依次放入样品室，使盛装空白液的比色皿对准光路，按下“0%”键，使数字显示为“0.000”（此时样品室必须是打开的）。

（4）调节透光率为 100%：把样品室盖子轻轻盖上，按“100%”键，使数字显示正好为“100.0”。

（5）吸光度的测定：将功能键调节至“A”挡，拉动拉杆使测定液依次进入光路，读取吸光度值，重复测定 2 次，取平均值。

（6）关机：冲洗比色皿，关电源。

## 三、计算

### （一）利用标准管计算测定物含量

实际测定过程中，用一已知浓度的测定物按测定管同样处理显色，读取吸光度数值，再根据 Lambert-Beer 定律的物理表达式式（3-1）计算。

$$A_1=K_1c_1l_1 \tag{3-2}$$

$$A_2=K_2c_2l_2 \tag{3-3}$$

式中，$A_1$、$A_2$ 分别为已知浓度标准管和未知浓度测定管吸光度。$c_1$、$c_2$ 分别为已知浓度标准管和未知浓度测定管测定物浓度。因盛标准液和测定液的比色皿内径相同（$L_1=L_2$），故上两式可写成：

$$\frac{A_1}{K_1c_1}=\frac{A_2}{K_2c_2} \tag{3-4}$$

因标准液和测定液中介质为同一物，故 $K$ 相同，即

$$K_1=K_2$$

式（3-4）可换算成：

$$c_2=\frac{A_2}{A_1}\cdot c_1 \tag{3-5}$$

因测定液和标准液在处理过程中体积相同，故式（3-5）可写成：

$$M_2=\frac{A_2}{A_1}\cdot M_1 \tag{3-6}$$

式中，$M_1$、$M_2$ 分别表示标准液和测定液中测定物的含量。式（3-6）为实验室操作中常用计算式。

### （二）利用标准曲线进行换算

先配制一系列已知不同浓度的标准物溶液，按同样方法处理显色，分别读取各管吸光度，以各管吸光度为纵轴，各管浓度为横轴，在方格坐标纸上做图得标准曲线。以后进行测定时，无须再做标准管，以测定管吸光度从标准曲线上可求得测定物的浓度。

一般认为，标准曲线范围为测定物浓度的 1/2 到 2 倍，并使吸光度在 0.05～1.00 范围为宜，所作标准曲线仅供短期使用。标准曲线制作与测定应在同一台仪器上进行。尽管型号相同，操作条件完全一样，因不是同一台仪器，其结果会有一定误差。

### （三）利用摩尔吸光系数 $\varepsilon$ 求取测定物浓度

式（3-1）中，当浓度 $c$ 为 1 mol/L，溶液厚度为 1 cm 时，吸光系数 $K$ 被称为摩尔吸光系数，以 $\varepsilon$ 表示，此时 $\varepsilon$ 与 $A$ 相等。但实际应用中测定物以 g/mL 作为浓度单位，此时 $K$ 以 Espec 表示，称为比吸光系数。

已知 $\varepsilon$ 的情况下，读取测定液厚度为 1 cm 时的吸光度数值，根据式（3-7）可求出测定液的物质浓度：

$$c=\frac{A}{\varepsilon} \tag{3-7}$$

式（3-7）常用于紫外吸收法，如蛋白质溶液含量测定，因蛋白质在波长 280 nm 下具有最大吸收峰，利用已知蛋白质在波长 280 nm 时的 $\varepsilon$，再读取待测蛋白质溶液的吸光度，即可算出待测蛋白质的浓度。无须显色，操作简便。

2 种以上待测物的混合液未被单独分离情况下，也可利用 $\varepsilon$ 不同，进行定量测定。例如，有 a 和 b 两种混合物，需分别测定其含量。

设 a 和 b 在波长 $\lambda_1$ 时，$\varepsilon$ 为 $\varepsilon_{a_1}$ 和 $\varepsilon_{b_1}$，在波长 $\lambda_2$ 时，$\varepsilon$ 为 $\varepsilon_{a_2}$ 和 $\varepsilon_{b_2}$，a 和 b 混合液在 $\lambda_1$ 时吸光度为 $A_1$，在 $\lambda_2$ 时的吸光度为 $A_2$（图 3-8），各自浓度分别为 $c_a$ 和 $c_b$。

根据式（3-1）可列出：

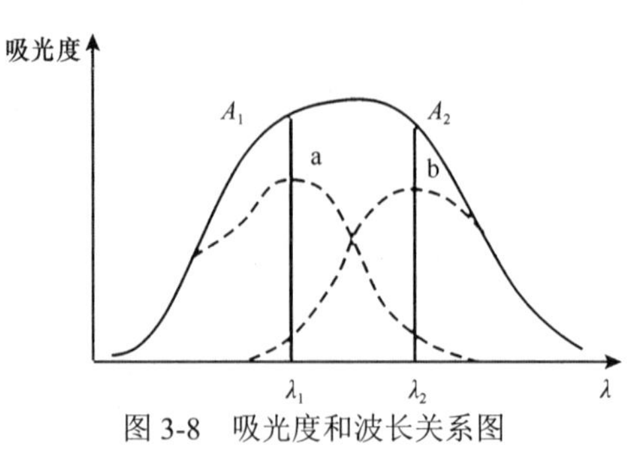

图 3-8 吸光度和波长关系图

$$A_1=\varepsilon_{a_1}c_a+\varepsilon_{b_1}c_b \tag{3-8}$$

$$A_2=\varepsilon_{a_2}c_a+\varepsilon_{b_2}c_b \tag{3-9}$$

根据式（3-8）和式（3-9）组成的联立方程式解，求得 a 和 b 的浓度（$c_a$和 $c_b$）：

$$c_a=\frac{\varepsilon_{b_2}A_1-\varepsilon_{b_1}A_2}{\varepsilon_{a_1}\varepsilon_{b_2}-\varepsilon_{a_2}\varepsilon_{b_1}}$$

$$c_b=\frac{\varepsilon_{a_1}A_2-\varepsilon_{a_2}A_1}{\varepsilon_{a_1}\varepsilon_{b_2}-\varepsilon_{a_2}\varepsilon_{b_1}}$$

如果为 3 种以上成分的混合液，也可通过 3 种不同波长情况下的吸光度，以各自特有的 $\varepsilon$ 值，依据三元一次方程，同样可求出未分离的 3 种混合物的各自浓度。

（范 芳）

# 第四章 层析技术

层析技术是一种物理分离方法，它利用混合物中各组分物理化学性质（如吸附力、分子形状和大小、分子极性、分子亲和力、分配系数等）的差别，使各组分在支持物上集中分布在不同区域，借此将各组分分离。层析利用两个相，一个相为固定的，称固定相；另一个相则流过固定相，称流动相。由于混合物中各组分受固定相的吸引力和受流动相的推力不同，各组分移动速度各异，最终达到分离各组分的目的。

层析技术早在1903年就用于植物色素的分离提取。自1944年纸层析诞生以来，层析技术的发展越来越快。从20世纪50年代开始，相继出现了气相层析和高压液相层析。60年代又出现了薄层层析、薄膜层析、分子排阻层析及亲和层析等新技术，目前每种方法几乎都已成为一门独立的技术。层析技术操作简便，不需要很复杂的设备，样品用量可大可小，既可用于实验室的分离分析，又可用于工业生产中产品的分析制备，它与光学仪器相结合，可组成各种自动化分离分析仪器，进一步显示了层析分离技术的优越性。因此在生物化学领域里，层析技术已成为一项常用的分离分析方法，按原理不同可分为吸附层析、分配层析、离子交换层析、凝胶层析、亲和层析等。吸附层析是利用吸附剂表面对不同组分吸附性能的差异，达到分离鉴定的目的。分配层析是利用不同组分在流动相和固定相之间的分配系数不同，使之分离。离子交换层析是利用不同组分对离子交换剂亲和力的不同，达到分离鉴定的目的。凝胶层析是利用某些凝胶对于不同分子大小的组分阻滞作用的不同，达到分离鉴定的目的。亲和层析是利用待分离物质和它的特异性配体间具有特异的亲和力，从而达到分离目的的一类特殊层析技术。

## 一、吸附层析

吸附层析是指混合物随流动相通过由吸附剂组成的固定相时，由于吸附剂对不同组分有不同的吸附力致使不同组分随流动相移动的速度不同，最终将混合物中的组分分离开来。这种分离方法取决于待分离物质被固定相所吸附的程度，以及它们在流动相中的溶解度这两个方面的差异。根据操作方式不同，吸附层析可分为柱层析和薄层层析两种。

### （一）柱层析

在柱层析中，混合物的分离在装有适当吸附剂的吸附柱中进行。吸附柱下端铺垫棉花或玻璃棉，柱内填充被溶剂润湿的吸附剂，待分离样品自柱顶部加入，样品完全进入吸附柱后，再用适当的洗脱液（即流动相）洗脱。假如待分离的样品内含有A、B两种成分，在洗脱过程中，随着洗脱液流经吸附柱，它们在柱内连续不断地分别产生溶解、吸附、再溶解的现象。由于洗脱液和吸附剂对A和B的溶解力与吸附力不同，A和B在柱内移动的速率也不同。溶解度大而吸附力小的物质走在前面，相反，溶解度小而吸附力大的物质走在后面，经过一段时间以后，A、B两种物质可在柱的不同区域各自形成环带，如A、B为有色物质，就可以明显看到不同的色带，每个色带就是一种纯物质。然后继续用洗脱液洗脱，分段收集，直至各组分按先后顺序完全从柱中被洗出为止（图4-1）。

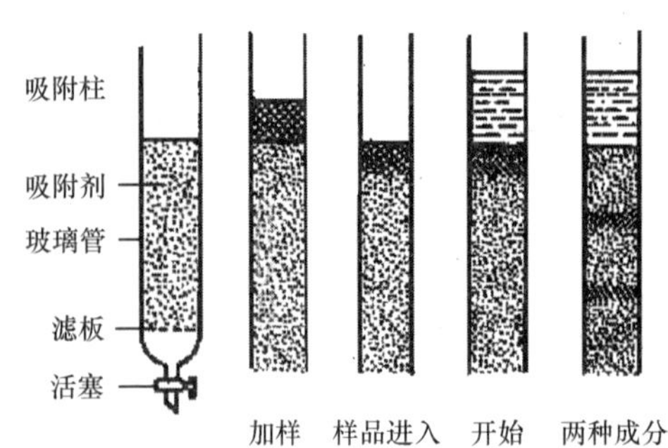

图 4-1　柱层析分离样品示意图

最常用的吸附剂是硅胶和氧化铝，此外还有碳酸钙、碳酸锌和氧化镁等。吸附剂及洗脱液的选择由被分离物质的性质决定。

一般来讲，非极性或极性不强的有机物如甘油酯、胆固醇、磷脂等的分离，用这种方法最为合适。

## （二）薄层层析

**1. 原理**　薄层层析是近二十年来发展起来的一种微量快速的层析分离技术。其方法是利用玻璃板作为固定相的载体，在玻璃板上均匀地涂布不溶性物质薄层作为固定相，把要分离的样品加到薄层上，然后选择合适的溶剂作为流动相，利用毛细管现象展开，从而达到分离的目的，进而可进行鉴定和定量测定，由于层析是在薄层上进行的，故称为薄层层析或薄板层析。

薄层层析的原理随作为固定相的涂布物质不同而异。若涂布物质是吸附剂，如氧化铝、硅胶等，则属于吸附薄层层析；若涂布物质是纤维素、硅藻土等，则属于分配薄层层析；若涂布物质是离子交换剂，如离子交换纤维素，则属于离子交换薄层层析。其中主要的是吸附薄层层析，通常提到的薄层层析就是指这类层析。

**2. 常用的吸附剂及其处理**　薄层层析用吸附剂一般应满足以下两个要求：一是要具有足够的吸附能力，对不同的物质吸附力不同，而且不能与被吸附物质起反应；二是吸附剂的粒度要大小适中，粒度过大则展开太快，分离效果差，粒度太细则展开过慢，斑点易于扩散或出现拖尾现象。

吸附薄层层析中最常用的吸附剂是硅胶和氧化铝。硅胶略带酸性，适用于中性和酸性物质的分离，如糖、磷脂和萜烯等，但不适用于碱性物质，因为后者可能与之起反应；氧化铝略带碱性，适用于中性及碱性物质的分离，如生物碱、食物染料、酚类、类固醇、维生素、胡萝卜素及氨基酸等。

市售的薄层层析吸附剂有硅胶 G、硅胶 H、氧化铝及氧化铝 G。符号“G”表示在吸附剂中加入了 5%～20%煅石膏作为黏合剂。硅胶在制板之前须加入黏合剂，如石膏、羟甲纤维素和淀粉。石膏作为黏合剂的优点是可以耐受显色用的腐蚀性试剂，缺点是容易脱落。羟甲纤维和淀粉作为黏合剂，不耐腐蚀，但机械性能好。薄层层析用的吸附剂要求粒度在一定范围内且常需要活化，以提高吸附活性。

薄层层析板可分为软板和硬板。软板是用吸附剂干粉均匀铺在玻璃板上直接压制而成。这种板易剥落，使用受限；硬板是利用蒸馏水将吸附剂调成糊状以后进行铺板而成。不论是软板还是硬板，为取得满意的分离效果，板一定要薄，板面要平整，厚薄均匀。制好的薄板阴干后，于 110 ℃烘箱烘 12～24 h 以活化，冷却后储存于干燥器即能随时使用。

**3. 薄层层析的特点**　薄层层析兼备柱层析和纸层析两者的优点：①设备简单，操作容易；②层析展开时间短，一般只需几十分钟，即可获得结果；③既适用于小量样品的分离，又适用于大量样品的分离；④分离效率高；⑤可采用腐蚀性的显色剂，而且可以在高温下显色。

## 二、分配层析

### （一）原理

分配层析是利用混合物中各组分在两种不同溶剂中的分配系数不同而使物质分离的方法。

分配系数是指一种溶质在两种互不相溶的溶剂中的溶解达到平衡时，该溶质在两种溶剂中所具有的浓度比。不同的溶质组分因其在各种溶剂中的溶解度不同，有不同的分配系数。分配层析以溶质组分在两相中的浓度比为依据，即以分配系数为依据，在等温条件下可用式（4-1）表示：

$$K_d = \frac{c_1}{c_2} \tag{4-1}$$

式中，$K_d$为分配系数：$c_2$为物质在固定相中的浓度；$c_1$为物质在流动相中的浓度。分配系数与温度、溶质及溶剂的性质有关。

在分配层析中，大多选用多孔物质为支持物，利用它对极性溶剂的亲和力，吸附某种极性溶剂作为固定相。这种极性溶剂在层析过程中始终固定在支持物上。用另一种非极性溶剂流经固定相，此移动溶剂称为流动相，如果把待分离物质的混合物样品点加在多孔支持物上，在层析过程中，当非极性溶剂流动相沿着支持物流经样品时，样品中各组分便会按分配系数大小溶入流动相向前移动。当遇到前方的固定相时，溶于流动相的组分又将与固定相进行重新分配，一部分转入固定相中。因此，随着流动相的不断移动，样品中的组分便在流动相和固定相之间进行连续的、动态的分配，这种情况相当于非极性溶剂对组分的连续抽提过程。由于各种组分的分配系数不同，分配系数较大的组分留在固定相中较多，在流动相中较少，层析过程中向前移动较慢；相反，分配系数较小的组分进入流动相较多而留在固定相中较少，层析过程中向前移动就较快，根据这一原理，样品中各种组分就能被分离开来。

分配层析中应用最广泛的多孔支持物是滤纸，其次是硅胶、硅藻土、纤维素粉、淀粉和微孔聚乙烯粉等。下面主要介绍纸层析。

### （二）纸层析

纸层析以滤纸为惰性支持物。滤纸纤维与水有较强的亲和力，能吸收22%左右的水，其中6%～7%的水是以氢键形式与滤纸纤维的羟基结合，在一般条件下较难脱去，且滤纸纤维与有机溶剂的亲和力较弱，所以一般的纸层析实际上是以滤纸纤维的结合水为固定相，以有机溶剂为流动相。当流动相沿纸流经样品点时，样品点上的溶质在水和有机相之间不断进行分配，一部分溶质随流动相移动，进入无溶质区，此时又重新分配；另一部分溶质由流动相（有机相）进入固定相（水相）。随着流动相的不断移动，各种不同的部分按其各自的分配系数不断进行分配，并沿着流动相移动，从而使物质得到分离和提纯。

溶质在滤纸上的移动速率可用$R_f$来表示。

$$R_f = \frac{\text{原点到层析点中心的距离}(r)}{\text{原点到溶剂前沿的距离}(R)} \tag{4-2}$$

$R_f$取决于被分离组分在两相间的分配系数及两相的体积比。因为两相体积比在同一实验条件下是常数，所以$R_f$主要决定于分配系数。不同物质分配系数不同，$R_f$也不同。对于某种给定的化合物，在标准条件下 $R_f$ 是常数。

纸层析设备简单、价廉，可用于氨基酸、肽类、核苷酸、糖、维生素、有机酸等多种物质的分离、定性和定量。

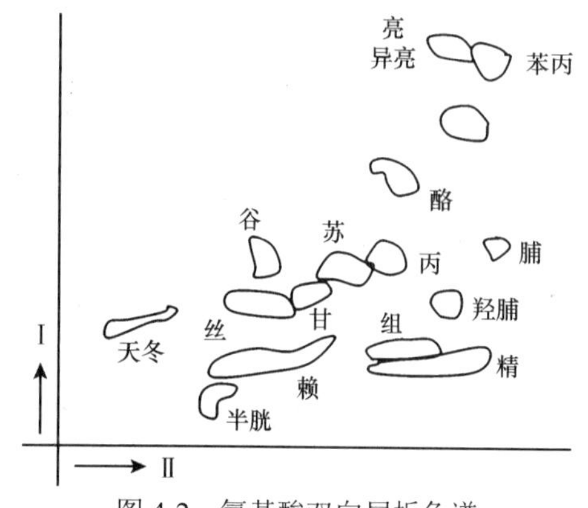


图 4-2　氨基酸双向层析色谱

I. 正丁醇∶冰醋酸∶水=4∶1∶1（*V/V/V*）；II. 酚∶水=8∶2（*W/W*）

纸层析具体操作分为样品处理、点样、展开、显色、$R_f$ 计算及定量分析等若干步骤。详细过程见有关实验部分。

纸层析按层析方式不同可分为三种：即垂直上行纸层析、垂直下行纸层析和水平环形纸层析。为了提高分辨率，纸层析可用两种不同的展开剂进行双向纸层析。双向纸层析一般把滤纸剪成长方形。一角点样，先用一种溶剂系统展开，吹干后转 90°，再用第二种溶剂系统进行第二次展开。这样，单向纸层析难以分离清楚的某些物质，通过双向层析往往可以获得比较理想的分离效果（图 4-2）。

## 三、离子交换层析

### （一）原理

离子交换层析是利用离子交换剂对各种离子亲和力不同，借以分离混合物中各种离子的一种层析技术。这种层析的主要特点是依靠带有相反电荷的颗粒之间具有的引力作用。离子交换层析的固定相是载有大量电荷的离子交换剂。流动相是具有一定 pH 和一定离子强度的电解质溶液。当混合物溶液中带有与离子交换剂相反电荷的溶质流经离子交换剂时，后者即对不同溶质选择性吸附。随后，当带有与溶质相同电荷的流动相流经离子交换剂固定相时，被吸附的溶质可被置换而洗脱下来，从而达到分离混合物中各种带电荷溶质的目的，离子交换层析的原理实质上是一种特殊的吸附作用（图 4-3）。

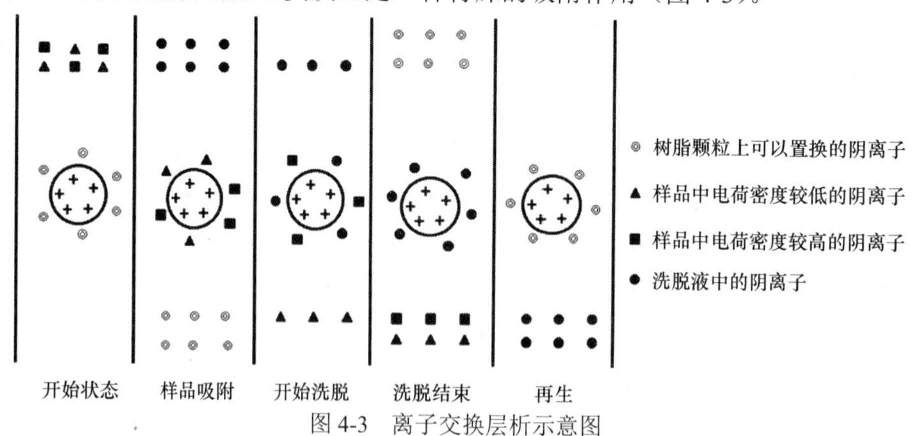


图 4-3　离子交换层析示意图

例如，阴离子交换树脂本身带有很多正电荷，它必须吸附带负电荷的阴离子以维持电中性。当样品溶液中的阴离子通过时，与树脂上的阴离子交换而被吸附。阴离子被树脂吸附的强度与该阴离子电荷密度成正比。带负电荷越多，电荷密度越密集，则与离子交换树脂的亲和力越大，结合也就越紧密，洗脱过程中被洗出也较迟；相反，电荷密度较低的阴离子则先被洗出。

许多生物物质，如氨基酸、蛋白质、核苷酸等都带有可解离的基团，它们可以带净正电荷，也可以带净负电荷，其带净电荷状况取决于溶液 pH 及化合物的等电点。因此可以利用化合物的荷电状况不同，从混合物中加以分离。

### （二）离子交换剂

离子交换层析的关键是离子交换剂。目前常用的离子交换剂都是人工合成的有机化合物。按化学本质可分为离子交换树脂、离子交换纤维素和离子交换葡聚糖凝胶等数种。按可交换的离子及其交换性能又可分为阳离子交换剂（包括强酸型与弱酸型）和阴离子交换剂（包括强碱型与弱碱型）两类（表 4-1）。

在生物化学实验中，常用的离子交换树脂的母体多为聚苯乙烯。

**表 4-1　离子交换树脂的类型**

| 类型 | 交换基团 | 商品型号举例 |
|---|---|---|
| 强酸型阳离子交换树脂 | 磺酸基（—$SO_3H$）<br>酚羟基（—OH） | 国产强酸 1×7（732），Zerolit225（英）Dowe×50 或 Amderlite IR －120（美） |
| 弱酸型阳离子交换树脂 | 羧基（—COOH） | 国产弱酸 101×128（724），Zerolit（英）Amberlite IRC－50（美） |
| 强碱型阴离子交换树脂 | 季氨基[—$N^+$（$CH_3$）$_3$] | 国产弱酸 201×7（717）及 201×4（711）ZerolitFF（英）<br>Amberlite IRA－400，Dowe×1（美） |
| 弱碱型阴离子交换树脂 | 伯氨基（—$NH_2$）<br>仲氨基[—N（$CH_3$）$_2$]<br>叔氨基（—N═） | 国产弱碱 301（701）<br>Zerolt H（英）<br>Ambeflite IR45（美） |

在生物化学实验中，特别是在进行蛋白质、核酸等分离纯化时常用的是离子交换纤维素及离子交换葡聚糖凝胶（表 4-2、表 4-3）。

**表 4-2　常用的离子交换纤维素**

| 类型 | 名称 | 英文缩写 | 结构式 |
|---|---|---|---|
| 阳离子交换纤维素<br>强酸型 | 磷酸纤维素 | P | —O—O—P(═O)═O |
| | 甲基磺基纤维素 | SM | —O—$CH_2$—S(═O)(═O)—$O^+$ |
| | 乙基磺基纤维素 | SE | $CH_3CH_2$—S(═O)(═O)—O— |
| 弱酸型 | 羧甲基纤维素 | CMC | —O—$CH_2$—C—O(═O)—O— |
| 阴离子交换纤维素<br>强碱性 | 三乙氨基乙基纤维素 | TEAE | —O—$CH_2CH_2$—$N^+$—$C_2H_5$($C_2H_5$)($C_2H_5$) |
| 弱碱性 | 二乙氨基乙基纤维素 | DETE | —O—$CH_2CH_2$—$N^+$($CH_2CH_3$)($CH_2CH_3$)—H |
| | 氨基乙基纤维素 | AE | —O—$CH_2$—$CH_2$—$NH_3^+$ |
| | Ecteola 纤维素 | ECTEOLA | —$N^+$—$(CH_2CH_2OH)_3$ |

表 4-3 常用的离子交换葡聚糖凝胶

| 类型 | 名称 | 规格 | 交换基因 |
|---|---|---|---|
| 阳离子交换葡聚糖凝胶 | SE-葡聚糖凝胶 | G25 | 乙基磺基 |
| 强酸型 | | G50 | |
| | SP-葡聚糖凝胶 | G25 | 丙基磺基 |
| | | G50 | |
| 阴离子交换葡聚糖凝胶 | CM-葡聚糖凝胶 | G25 | 羧甲基 |
| 弱酸型 | | G50 | |
| 强碱型 | QAE-葡聚糖凝胶 | G25 | 二乙基（$a$ 羟丙基） |
| | | G50 | 氨基乙基 |
| 弱碱型 | DEAE-葡聚糖凝胶 | G25 | 二乙基氨基乙基 |
| | | G50 | |

### （三）离子交换柱层析的基本过程

离子交换层析通常采用柱层析，其过程包括离子交换剂的选择、离子交换剂使用前的处理与转型、装柱、样品的准备与加样、洗脱、检测及离子交换剂的再生等若干步骤。

离子交换剂在使用前要用水浸泡使之充分膨胀，洗涤，再用酸和碱处理（离子交换纤维素或离子交换葡聚糖凝胶常用 0.5 mol/L 的 HCl 和 NaOH），使其带 $H^+$或 $OH^-$，通常称为转型。如果离子交换剂已经使用过，也可以用这种处理方法使它恢复为原来的离子型，这种处理过程称为再生。

$$R^-X^+ + HCl \rightleftharpoons R^-H^+ + XCl$$

阳离子交换剂　　　　$H^+$型阳离子交换剂

$$R^+Y^- + NaOH \rightleftharpoons R^+OH^- + NaY$$

阴离子交换剂　　　　$OH^-$型阴离子交换剂

新的离子交换剂通常要用酸和碱反复处理，以便获得良好的交换效果。经处理好的离子交换剂装柱后，即可将样品加入，使样品中待分离的离子与离子交换剂进行交换。

$$R^-H^+ + M^+A^- \rightleftharpoons R^-M^+ + HA$$

$H^+$型阳离子型交换剂　与 $M^+$结合的离子交换剂

$$R^+Y^- + B^+OH^- \rightleftharpoons B^+Y^- + ROH$$

$OH^-$型阴离子交换剂　　与 $Y^-$结合的离子交换剂

经过离子交换被吸附在离子交换剂上的待分离物质，有两种洗脱办法：一是增加离子强度，使洗脱液中的离子能争夺交换剂的吸附部位，从而将待分离的物质置换下来；二是改变 pH，使样品离子的解离度降低，电荷减少，因而对交换剂的亲和力减弱而被洗脱下来。

从洗脱液的组成而言，洗脱方式有三种：一是选用单一洗脱液，此为恒液洗脱法，适用于组分不太复杂的样品；二是选用几种洗脱能力逐步增强的洗脱液相继洗脱，此为阶段洗脱法，适用于各组分对交换剂亲和力比较悬殊的样品；三是用离子强度和 pH 呈连续梯度变动的洗脱液进行洗脱，使洗脱能力持续增强，此为梯度洗脱法，适用于各组分与交换剂亲和力相近的样品。

## 四、凝胶层析

### （一）原理

凝胶层析是混合物随流动相流经装有凝胶作为固定相的层析柱时，混合物中各种物质因分子大小不同而被分离的技术。凝胶，广义上是指一类具有三维空间多孔网状结构的物质，如琼脂糖凝胶、交联葡聚糖凝胶等。由于层析过程与过滤相似，故又名凝胶过滤或分子筛过滤；由于物质在分离过程中的阻滞减速现象，故亦称为阻滞扩散层析或分子排阻层析。

凝胶层析的一般原理十分简单。当含有各种物质的样品溶液流经凝胶层析柱时，各物质在柱内同时进行着两种不同的运动，垂直向下的移动和无定向的扩散运动。大分子的物质由于直径较大，不易进入凝胶颗粒的微孔，而只能分布于颗粒间隙中，所以流程短，向下移动速度较快；小分子物质则可以进入凝胶颗粒的微孔中，所以流程长，下移速度较慢。这样，分子量大小不同的混合物得以分离，凝胶层析的一般原理可用图 4-4 表示。

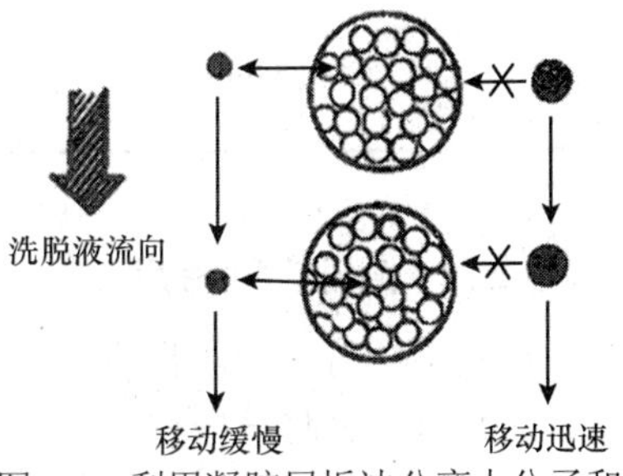

洗脱液流向

移动缓慢　移动迅速

图 4-4　利用凝胶层析法分离大分子和小分子示意图

大小实心圆圈代表大小分子

为了精确地衡量混合物中某一待分离成分在凝胶层析柱内的洗脱行为，常采用分配系数 $K_d$ 来度量：

$$K_d = \frac{V_e - V_o}{V_i} \tag{4-3}$$

式中，$V_e$ 为某一成分从层析柱内完全洗脱出来时洗脱液的体积；$V_o$ 为层析柱内凝胶颗粒之间空隙的总容积；$V_i$ 为层析柱内凝胶颗粒内部微孔的总容积，可用凝胶克数（$m$）与该凝胶水容值（$W_r$）的乘积近似计算，即

$$V_i = m \cdot W_r \tag{4-4}$$

$K_d$ 具有以下意义：①对于完全被排阻的极端大分子，由于 $V_e=V_o$，因此 $K_d=0$；②对于能自由扩散入凝胶颗粒内部的小分子物质，$V_e=V_o+V_i$，$K_d=1$；③对于能部分扩散入凝胶颗粒内部的大分子物质，$K_d$ 为 0～1；④凡 $K_d>1$ 的物质，表明它们能被凝胶吸附或具有离子交换作用，而不仅仅有分子筛效应；⑤$K_d$ 值越接近 1，表明分子越小，洗脱越慢；相反，$K_d$ 值越接近 0，表明分子越大，洗脱越快。

### （二）常用凝胶的种类及其分离范围

用于凝胶层析的材料有如下要求：①化学性质稳定，不带电荷，与物质的吸附能力弱；②机械性能良好，可制成多孔网状结构且不易破裂变形；③应呈大小均匀的球状颗粒，以保证有较高的流速。

目前市场上供应的凝胶主要有三种。①交联葡聚糖，瑞典出品的商品名称为 Sephadex，国产的商品名称为 Dextran；②聚丙烯酰胺，美国出品的商品名称为 Bio-Gel；③琼脂糖，瑞典出品的商品名称为 Sepharose。常用凝胶的规格及其分离范围见表 4-4。

**表 4-4　凝胶分离范围**

| 凝胶 | 规格 | 分离蛋白质分子量范围 |
|---|---|---|
| 琼脂糖（Sepharose） | 2B | $7.0\times10^4$～$4.0\times10^7$ |
| | 4B | $6.0\times10^4$～$2.0\times10^7$ |
| | 6B | $1.0\times10^4$～$4.0\times10^7$ |

续表

| 凝胶 | 规格 | 分离蛋白质分子量范围 |
| --- | --- | --- |
| 交聚葡聚糖（Sephadex） | G200 | $5.0 \times 10^3 \sim 6.0 \times 10^5$ |
| | 100 | $4.0 \times 10^3 \sim 1.5 \times 10^5$ |
| | 50 | $1.5 \times 10^3 \sim 3.0 \times 10^4$ |
| | 25 | $1.0 \times 10^3 \sim 5.0 \times 10^3$ |
| 聚丙烯酰胺（Bio-Gel） | P30 | $2.5 \times 10^3 \sim 4.0 \times 10^4$ |
| | P150 | $1.5 \times 10^4 \sim 1.5 \times 10^5$ |

### （三）凝胶层析特点

凝胶层析与其他层析比较具有以下特点。

（1）由于凝胶层析按分子大小不同分离各物质，洗脱剂的种类不影响洗脱效果，故可保证在温和条件下洗脱，不会引起生物物质的变性失活。

（2）凝胶层析中无须改变洗脱液成分或种类。一次装柱可反复使用，而且每次洗脱过程都是凝胶的再生过程，不像离子交换层析那样，每次使用后必须对离子交换剂进行再生处理。

（3）实验具有高度的重复性，回收样本几乎可达 100%。既可用于大样品制备，亦可用于小样品分析。

凝胶颗粒的微孔大小有一定限制，对洗脱剂的黏度有一定要求，且凝胶本身对某些物质具有吸附作用等，显然限制了它的使用范围。但凝胶层析仍是一种分离纯化生物物质的良好方法，目前已广泛用于蛋白质、酶、核酸等大分子物质的分离提纯。此外，这种技术在测定蛋白质分子量方面的应用也是极为成功的。

## 五、亲和层析

许多生物大分子具有与其结构相对应的专一分子可逆结合的特性，这种结合往往是特异的，而且是可逆的，生物分子之间的这种结合力称为亲和力。当把具有亲和力的一对分子的一方固相化，作为固定相装入柱内，让另一方随流动相流经层析柱，该对分子即特异地结合为一个整体从而被保留，而其他的物质则不被保留，经洗涤而流出。然后利用结合的可逆性，设法将它们解离，从而得到与固定相有特异亲和力的某一特定物质。作为固定相的一方称为配基。

亲和层析能在温和条件下操作，纯化过程简单、迅速、效率高，对分离含量极少又不稳定的活性物质极为有效。亲和层析是近年来发展起来的，还在不断发展和成熟中，特异性强、操作简单快速和高效率的亲和层析技术必将在科学研究和生产实践中得到越来越广泛的应用。

（范　芳）

# 第五章　电 泳 技 术

带有电荷的粒子在电场中移动的现象称为电泳。1809 年俄国物理学家 Peiice 首先发现了电泳现象，1937 年瑞典科学家 Tisllius 在 U 形管内自由溶液中进行血清蛋白电泳，根据电泳后所形成的蛋白质界面与缓冲液的折光率的差别，通过光学系统将阴影投到毛玻璃或照相底片上，借此绘成曲线图象。这种电泳技术称为自由界面电泳。这类电泳仪结构较复杂，价格昂贵，不易推广。1948 年 Wieland 和 Konig 等首先发明用滤纸作为支持物，使电泳技术大为简化，而且可使许多组分相互分离为区带，所以这类电泳被称为区带电泳。从此，各类区带电泳相继诞生；1950 年出现了琼脂糖凝胶电泳；1957 年建立了醋酸纤维素薄膜电泳。1955 年 Smithies 及 1959 年 Davis 分别以淀粉胶和聚丙烯酰胺凝胶（polyacrylamidegel，PAG）进行血清蛋白电泳分离，由于它们具有分子筛效应，大大提高了电泳分辨率。20 世纪 60 年代以来，又出现了等电聚焦电泳和等速电泳等新的电泳技术。

## 一、电泳的基本原理

设一带电粒子在电场中所受的力为 $F$，$F$ 的大小决定于粒子所带电荷 $Q$ 和电场的强度 $x$，即

$$F=Qx \tag{5-1}$$

根据斯托克斯（Stokes）定律，一个球形的粒子运动时所受到的阻力 $F'$ 与粒子运动的速度（$v$）、粒子的半径（$r$）、介质的黏度（$\eta$）的关系如下所示。

$$F'=6\pi r\eta v \tag{5-2}$$

当 $F=F'$ 时，即达到动态平衡时，移项得：

$$\frac{v}{x}=\frac{Q}{6\pi r\eta} \tag{5-3}$$

$v/x$ 表示单位电场强度时粒子运动的速度，称为迁移率（mobility），也称为电泳速度，以 $\mu$ 表示，即

$$\mu=\frac{v}{x}=\frac{Q}{6\pi r\eta} \tag{5-4}$$

由式（5-4）可见粒子的迁移率在一定条件下取决于粒子本身的性质，即其所带电荷及粒子的大小和形状，亦取决于粒子的电荷密度。两种不同的粒子（如两种蛋白质分子）一般有不同的迁移率。在具体实验中，$v$ 为单位时间（$t$，以 s 计）内移动的距离（$d$，以 cm 计），

$$v=d/t \tag{5-5}$$

电场强度 $x$ 为单位距离（$I$，以 cm 计）内电势差（$E$，以 V 计），即

$$x=E/I \tag{5-6}$$

以 $v=d/t$，$x=E/I$ 代入式（5-4）即得

$$\mu=\frac{v}{x}=\frac{d/t}{E/I}=\frac{dI}{Et} \tag{5-7}$$

所以迁移率的单位为 $cm^2/（s\cdot V）$。

物质 A 在电场中移动的距离为

$$d_A = \frac{\mu_A \cdot Et}{I} \tag{5-8}$$

物质 B 的移动距离为

$$d_B = \frac{\mu_B \cdot Et}{I} \tag{5-9}$$

两物质移动距离差为

$$\Delta d = (d_A - d_B) = (\mu_A - \mu_B)\frac{Et}{I} \tag{5-10}$$

式（5-10）指出物质 A、B 能否分离取决于两者的迁移率。如两者的迁移率相同，则不能分离；如有差别，则能分离。

## 二、几种影响电泳的因素

### （一）电泳介质的 pH

如果氨基酸是被分离物质，当介质的 pH 等于某氨基酸的等电点时，该氨基酸处于等电状态，既不向正极移动也不向负极移动；当介质的 pH 小于等电点时，氨基酸呈阳离子状态，向负极移动；反之，当介质 pH 大于等电点时，氨基酸呈阴离子状态，向正极移动。各种氨基酸具有不同的等电点，将几种氨基酸的混合物置于某一 pH 的介质中电泳时，它们的带电情况各不相同，迁移率也不同，蛋白质由氨基酸组成，也具有两性电离性质，所以介质的 pH 决定蛋白质的带电量（$Q$）。为了保持介质 pH 的稳定，常用具有一定 pH 的缓冲液。

### （二）缓冲液的离子强度

离子强度如果过低，缓冲液的缓冲容量小，不易维持 pH 恒定；离子强度过高，则会降低蛋白质的带电量，使电泳速度减慢。所以选择离子强度时要两者兼顾，一般离子强度的选择范围为 0.02～0.2。

溶液中离子强度的计算方法如下所示。

$$I=1/2\sum c_i Z_i^2 \tag{5-11}$$

式中，$I$ 为离子强度；$c_i$ 为离子的克分子浓度；$Z_i$ 为离子的价数。

### （三）电场强度

电场强度是指每 1 cm 支持物上的电势差，也称电势梯度。根据欧姆定律可知，电流（$I$）与电压（$V$）成正比。在电泳过程中，溶液中的电流完全由缓冲液和样品离子来传导，因此迁移率与电流成正比。由此可知，电场强度越高，带电颗粒的泳动速度越快，反之则越慢。以纸电泳为例，滤纸长 15 cm，两端电势差为 150 V，则电场强度为 150 V/15 cm=10 V/cm。如两端电势差不变，滤纸长度缩短为 5 cm，电场强度则为 150 V/5 cm=30 V/cm，泳动速度将大大加快。

不过，电场强度越大或支持物越短，电流将随之增加，产热也增加，影响分离效果。在进行高压电泳时必须用冷却装置，否则可引起蛋白质等样品发生热变性而无法分离。

### （四）电渗

有的支持物（如纸和淀粉胶等）具有电渗作用，即电场中缓冲液对于固体支持物的相对移动。例如，在纸电泳中，滤纸纤维带负电荷，因感应作用而使与滤纸相接触的水溶液带正电荷，因此带正电荷的液体就带着溶解于其中的物质移向负极，从而加快了阳离子的前进，阻滞了阴离子的移动。如果样品原本是移向负极的，则泳动的速度加快；如原本是移向正极的，则速度降低。所以，电泳时颗粒的泳动速度取决于颗粒本身的泳动速度和缓冲液的电渗作用。醋酸纤维素薄膜或聚丙烯酰胺凝胶的电泳作用比纸和淀粉胶小得多（图 5-1）。

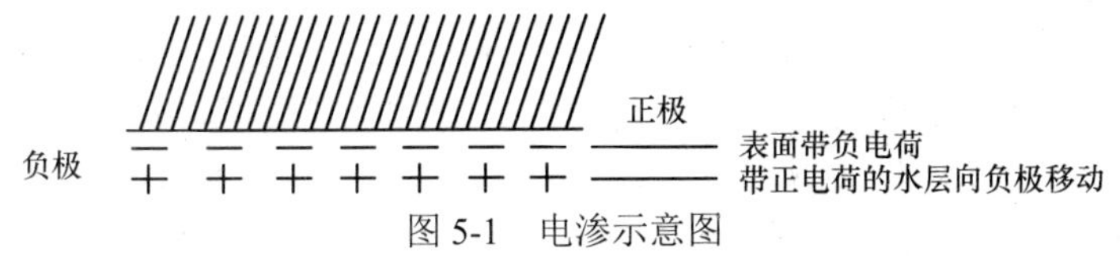


图 5-1 电渗示意图

## 三、区带电泳的分类

### （一）按支持物的物理性状不同分类

**1. 纸电泳** 如滤纸及其他纤维纸电泳。

**2. 粉末电泳** 如纤维素粉、淀粉电泳。

**3. 凝胶电泳** 如琼脂、琼脂糖、聚丙烯酰胺凝胶电泳。

**4. 缘线电泳** 如尼龙丝、人造丝电泳。

### （二）按支持物的装置形式不同分类

**1. 平板式电泳** 支持物水平放置，最常用。

**2. 垂直板式电泳** 聚丙烯酰胺凝胶可做成垂直板式电泳。

**3. 垂直柱式电泳** 聚丙烯酰胺凝胶盘状电泳属于此类。

### （三）按 pH 的连续性不同分类

**1. 连续 pH 电泳** 在整个电泳过程中 pH 保持不变，常用的纸电泳、醋酸纤维素薄膜电泳等属于此类。

**2. 非连续 pH 电泳** 缓冲液和电泳支持物间有不同的 pH，如聚丙烯酰胺凝胶盘状电泳分离血清蛋白时常用这种形式，它能使待分离的蛋白质在电泳过程中产生浓缩效应，详细机制见后续内容。

等电聚焦电泳（electrofocusing）也可称为非连续 pH 电泳，它利用人工合成的两性电解质（一种脂肪族多胺基多羧基化合物，商品名 Ampholin）在通电后形成一定的 pH 梯度，使被分离的蛋白质停留在各自的等电点而成分离的区带。

## 四、电泳技术的应用

电泳技术主要用于分离各种有机物（如氨基酸、多肽、蛋白质、脂类、核苷、核苷酸、核酸等）和无机盐，也可用于分析某种物质的纯度，还可用于分子量的测定。电泳技术与其他分离技术（如层析法）结合，可用于蛋白质结构的分析，“指纹法”就是电泳法与层析法结合的产物。用免疫原理测试电泳结果，提高了对蛋白质的鉴别能力。电泳和酶学技术结合发现了同工酶，使人们对酶的催化和调节功能有了更深入的了解。电泳技术是医学科学中一种重要的研究手段。

### （一）纸电泳和醋酸纤维素薄膜电泳

纸电泳用于血清蛋白分离已有相当长的历史，在实验室和临床检验中都曾经广泛应用。自从 1957 年 Kohn 首先将醋酸纤维素薄膜用作电泳支持物以来，纸电泳已逐渐被醋酸纤维素薄膜电泳所取代，因为后者具有比纸电泳电渗小、分离速度快、分离清晰及血清用量少、操作简便等优点。血清蛋白的等电点均低于 7.4，因此，在 pH 比其等电点高的缓冲液中（如在 pH 8.8 的缓冲液中），它们都电离成负离子，在电场中会向正极移动。因各种血清蛋白等电点不同，在同一 pH 下所带电荷数量不同，加上分子量的差别等因素，它们在电场中的运动速度不同。蛋白质分子小而带电荷多的运动较快；分子大而带电荷少的运动较慢。所以可利用电泳按血清蛋白在电场中运动的速度快慢将其分为白蛋白区带、$\alpha_1$-球蛋白区带、$\alpha_2$-球蛋白区带、β-球蛋白区带及 γ-球蛋白区带等五条区带。这些血清蛋白分离后，用蛋白染色剂进行染色，由于蛋白质的量与结合的染料量基本成正比，分别将五条色带剪开，使染料和蛋白质溶解于碱性溶液中，用光电比色法可计算出五种蛋白质的百分数，也可将染色后的膜条直接用光密度计测定。

### （二）琼脂糖凝胶电泳

琼脂经处理去除其中的果胶成分即为琼脂糖。由于琼脂糖中硫酸根含量较琼脂少，电渗影响减弱，因而使分离效果显著提高。例如，血清脂蛋白用琼脂凝胶电泳只能分出两条区带（α-脂蛋白区带、β-脂蛋白区带），而用琼脂糖凝胶电泳可将正常空腹血清脂蛋白分出三条区带（α-脂蛋白区带、前 β-脂蛋白区带和 β-脂蛋白区带）。所以琼脂糖为一种较理想的凝胶电泳材料。

血清中的脂类物质与血清蛋白结合成水溶性的脂蛋白，各种脂蛋白中所含的蛋白质种类和数量不同，脂蛋白颗粒大小也不同，这些因素使它们在电场中移动速度各异，因而可以通过电泳分离。

以琼脂糖凝胶溶液制成凝胶板，挖一个小槽放置血清样品。样品先经脂类染料染色，通电后脂蛋白在凝胶板上移动距离的长短可用肉眼观察。区带宽窄及染色深浅反映出血清各种脂蛋白量的多少。

### （三）聚丙烯酰胺凝胶电泳

聚丙烯酰胺凝胶是一种人工合成的凝胶，由丙烯酰胺（Acr）和交联剂 *N*，*N*-甲叉双丙烯酰胺（Bis）聚合而成。采用这种凝胶作为电泳支持物具有许多优点。①机械强度高、弹性大、透明、化学稳定性高、无电渗作用、吸附作用极小。②可通过控制单体浓度或者单体与交联剂的比例聚合制成不同大小孔径的凝胶，使分子筛效应与电荷效应结合起来，具有极高的分辨率。例如，以此法分离血清蛋白可获得 20～30 条区带。③样品不易扩散，且能自动浓缩成很薄的样品层，因此，所用的样品量小（1～100 μg），分离效果好。这种电泳技术目前已被广泛用于蛋白质、核酸等高分子化合物的分离及定性和定量分析，还可结合使用解聚剂 SDS 测定蛋白质分子亚基的分子量。

聚丙烯酰胺凝胶以电泳形式不同可分为盘状电泳和垂直板型电泳。盘状电泳是在垂直的玻璃管内，利用不连续的缓冲液、pH 和凝胶孔径进行电泳而命名的不连续电泳（discontinuity electrophoresis）。样品被分离后形成的区带很窄，呈圆盘状（discoid shape），取“不连续性”及“圆盘状”的英文字头“disc”，因此英文名称为 disc electrophoresis，直译为盘状电泳。

垂直板型电泳是将聚丙烯酰胺凝胶制成薄板状凝胶，薄板可大可小，然后竖直进行电泳，其优点：①在同一条件下可电泳多个要比较的样品，重复性好；②一个样品在第一次盘状电泳后还可在薄板上进行第二次电泳，即双向电泳，这样可进一步提高分辨力；③样品电泳后，可进行放射自显影分析。

**1. 凝胶聚合原理** 聚丙烯酰胺凝胶由 Acr 和 Bis 聚合而成。Acr 和 Bis 单独存在或混合在一起时是稳定的，但在游离基存在时，它们就聚合成凝胶。引发产生游离基的方法有化学聚合法和光聚合法两种，现分述如下。

（1）化学聚合法：即过硫酸铵（AP）四甲基乙二胺（TEMED）系统。过硫酸铵是提供自由基的引发剂，TEMED 是加快引发自由基的加速剂。

过硫酸铵能形成自由基：

$$S_2O_8^{2-} \longrightarrow 2SO_4^{2-}$$

$SO_4^{2-}$与 Acr 接触发生反应，使 Acr 的键打开，形成自由基。这种活化了的 Acr 分子再以同样的方式连续地与其他 Acr 反应，结果就形成了一个长链聚合物。

$$\underset{\phantom{|}}{CH_2{=}\overset{\overset{CONH_2}{|}}{CH}} \xrightarrow{SO_4^{2-}} R{-}CH_2{-}\overset{\overset{CONH_2}{|}}{C}\cdot{-}H + nCH_2{=}\overset{\overset{CONH_2}{|}}{CH}$$

$$\longrightarrow R{-}CH_2{-}\overset{\overset{CONH_2}{|}}{CH}{-}(CH_2{-}\overset{\overset{CONH_2}{|}}{CH})n$$

式中，R 为引发剂分解产生的自由基。

这种长链聚合物溶液虽然很黏，但还不能形成凝胶，因为这些长链彼此能滑动。要形成凝胶还需要进行交联，交联剂是 Bis。

$$CH_2{=}CH{-}\underset{\underset{O}{\|}}{C}{-}NH{-}CH_2{-}NH{-}\underset{\underset{O}{\|}}{C}{-}CH{=}CH_2$$

它们可以看作是两个丙烯酰胺分子通过亚甲基将它们的无活性末端偶联在一起形成的化合物，这样聚合后就得到网状聚丙烯酰胺链。

（2）光聚合法：光聚合法以光敏物质核黄素代替过硫酸铵作催化剂。

核黄素经强光照射后引发自由基，后者使 Acr 形成自由基并聚合成凝胶。TEMED 并非必需，但加入可加速聚合。

光聚合法要有氧存在，但过量的氧能猝灭自由基，阻止链长的增加，故聚合反应时要抽气以减少氧含量。聚合反应的温度以 20～25 ℃为宜。

**2. 凝胶的孔径** 凝胶孔径的大小在很大程度上取决于 Acr 和 Bis 二者的总浓度 $T\%$。$T\%$越大，孔径越小，机械强度则增加。

$$T\% = \frac{a+b}{m} \times 100 \tag{5-12}$$

式中，$a$ 为 Acr 的百分浓度；$b$ 为 Bis 的百分浓度；$m$ 为 100 mL 凝胶溶液的百分浓度。

而交联度（$C\%$）则可能与凝胶的最大孔径有关。

$$C\% = \frac{d}{a+b} \times 100 \tag{5-13}$$

式中，$d$ 为凝胶孔径。

凝胶的特性是分子筛效应。很明显，大分子进入凝胶的程度既取决于样品分子的大小，又取决于凝胶的平均孔径。如果凝胶的平均孔径小于蛋白质分子的直径，那么无论蛋白质分子带多少电荷及给予多大电场强度，它们都不能进入凝胶，所以要想达到蛋白质和核酸等大分子混合物的理想分离效果，选择一定的孔径是很关键的，实际工作中常按样品分子质量的大小来选择凝胶的浓度（表 5-1）。

**表 5-1　凝胶浓度与蛋白质分子质量测定的关系**

| 凝胶浓度 | 分子质量范围（kDa） |
|---|---|
| 2%～5% | $>5\times10^5$ |
| 5%～10% | $1\times10^5\sim5\times10^5$ |
| 10%～15% | $4\times10^4\sim1\times10^5$ |
| 15%～20% | $1\times10^4\sim4\times10^4$ |
| 20%～30% | $<1\times10^4$ |

另外还需要考虑选择适宜的缓冲液，缓冲液的作用一是用来维持电泳槽内和凝胶内 pH 的恒定；二是作为在电场中传导电流的电解质。要使缓冲液很好地完成这些作用，必须注意三个条件：第一，缓冲液不与被分离的物质相互作用；第二，缓冲液的 pH 不能使蛋白质变性；第三，要考虑缓冲液的离子强度。

**3. 分离血清蛋白的基本原理**　聚丙烯酰胺凝胶电泳亦称不连续凝胶电泳。在这种电泳过程中，除了一般电泳的电荷效应外，还有两种物理效应，即分子筛效应和浓缩效应，因此具有很高的分辨率。

（1）分子筛效应：颗粒小、形状为圆形的样品分子，通过凝胶孔洞时受到的阻力小，移动快；反之，颗粒大、形状不规则的样品分子，通过凝胶的阻力较大，移动慢。

（2）浓缩效应：高度的浓缩效应，大大提高了电泳分离的分辨力，特别适用于低浓度样品的分离。

关于不连续系统的浓缩效应，可从两个方面进行分析（以碱性系统为例）。

第一，盘状电泳使用两种孔径不同的凝胶系统。玻璃管内的第一层是样品，第二层是浓缩胶，此为大孔胶，第三层是分离胶，此为小孔胶。待分离的蛋白质分子在大孔胶中受到的阻力小，移动速度快，移动到小孔胶处，阻力突然增加，速度变慢，使待分离样品在两层凝胶交界处的区带变窄，浓度升高。样品中各组分在界面处由于电荷效应而依次排列开来。

第二，缓冲液与凝胶的离子成分和 pH 不同。在任何 pH 下，凝胶中的盐酸都解离成 $Cl^-$；甘氨酸（Gly，pI 为 6.0，其中 $pK_{a_1}$ =2.34，$pK_{a_2}$ =9.7）在 pH 6.7 的浓缩胶中，解离度很低，只有小部分解离为 $Gly^-$；在 pH 6.7 的条件下，蛋白质大部分以负离子的形式存在，即解离度在 HCl 和 Gly 之间。通电后，这三种负离子在浓缩胶中都向正极移动，它们的有效泳动率按以下次序排列：

$$m_{Cl^-}\times\alpha_{Cl^-}>m_{Pr^-}\times T\alpha_{Pr^-}>m_{Gly^-}\times\alpha_{Gly^-}$$

（有效泳动率=泳动率 $m$%×解离度 $\alpha$）

电泳开始时，在电流的作用下，浓缩胶中的 $Cl^-$（快离子）有效泳动率超过蛋白质的有效泳动率，很快运动到最前面，蛋白质紧随于其后，而 $Gly^-$成为慢离子，在最后面。快离子向前移动，其原来停留的那部分区域则形成了低离子浓度区，即低电导区。由于电势梯度与电导成反比，因此低电导区就有较高的电势梯度，这种高电势梯度又迫使蛋白质离子和慢离子在此区域加速前进，追赶快离子。夹在快、慢离子之间的蛋白质样品就在这个追赶过程中被逐渐地压缩聚集成一条狭窄的区带。

（3）电荷效应：当样品进入凝胶后，由于每种蛋白质所带的电荷多少不同，因而迁移率也不同。电荷多且分子小的蛋白质泳动速度快；反之，则慢。因此各种蛋白质在凝胶中得以分离，并以一定的顺序排列成一个一个的圆盘状。

（范　芳）

# 第六章　离 心 技 术

离心技术（centrifugal technique）是利用离心机驱动离心机转头及离心容器旋转产生的离心力，并依据被离心物质的沉降系数、扩散系数和浮力密度的差异而进行物质的分离、浓缩、提取制备和分析测定的一项常规实验技术，广泛应用于工业、医学和生命科学等诸多领域。

## 一、基本原理

### （一）离心力

离心力（centrifugal force，$F_c$）是指在一定角速度下做圆周运动的物体受到的一个远离旋转中心的离心合力。处于离心机转头中的离心管内的物质的离心力大小取决于物质的质量（$m$）、转子的转速（$\omega$）和物质的旋转半径（$r$），即

$$F_c=m\omega^2 r \tag{6-1}$$

式中，$\omega$ 为转子的角速度（r/s）；$r$ 为旋转半径，即物质颗粒到旋转轴中心的距离（cm）。通常转速以惯用的每分钟转数来表示，即 $\omega=2\pi n/60$；$n$ 为转头每分钟的转速（r/min），又称 rpm（revolutions per minute）。

### （二）相对离心力

由于各种离心机转子的半径或者离心管距离转轴中心的距离不同，物质所受到的离心力也不同，且物质颗粒还受到重力（$P$）的影响，通常离心力用重力加速度的倍数来表示，又称为相对离心力（relative centrifugal force，RCF），或者用“数字 $g$”表示，如 10 000$g$，表示 RCF 为 10 000，单位为重力加速度 $g$（980 cm/s$^2$）。

$$\text{RCF}=\frac{F_c}{P}=\frac{m\omega^2 r}{mg}=\left(\frac{2\pi n}{60}\right)^2\times\frac{r}{g}=\left(\frac{2\times 3.14\times n}{60}\right)^2\times\frac{r}{980}\approx(0.1047n)^2\times\frac{r}{980}=1.12\times10^{-5}n^2r \tag{6-2}$$

由式（6-2）可见，只要知道旋转半径，就能够将 $g$ 与 r/min 进行相互换算。一般情况下，低速离心机常用“r/min”来表示，而高速离心机则以“$g$”表示。

此外，RCF 的大小与离心速度及在离心容器中物质颗粒距离轴心的路径（实际离心半径）有关，故有最大、平均和最小 RCF。一般情况下，离心条件选用平均半径时的 RCF。转头的转速所对应的 RCF 值可通过查找离心半径-RCF-RPM 曲线换算。

### （三）沉降系数

物质颗粒在离心场中沉降的速度称为颗粒的沉降系数（sedimentation coefficient，$S$）。

不同的物质颗粒，其沉降系数不同。通常，颗粒的沉降速度与其直径的平方、颗粒的密度和介质密度之差成正比。以 $\rho_p$ 和 $\rho_m$ 分别表示物质和溶剂的密度：①当 $\rho_P>\rho_m$，则 $S>0$，粒子顺着离心方向沉降；②当 $\rho_P=\rho_m$，则 $S=0$，粒子到达某一位置后达到平衡；③当 $\rho_P<\rho_m$，则 $S<0$，粒子逆着离心方向上浮。常见分离生物样本的沉降系数值及参考离心条件见表 6-1。

表 6-1 常见离心样本的沉降系数值及参考离心条件

| 离心样本 | 沉降系数 | RCF（$g$） | 转速（r/min） |
|---|---|---|---|
| 细胞核 | （4～10）$\times 10^6$ | 600～800 | 3 000 |
| 细菌、线粒体 | （2～7）$\times 10^4$ | 7 000 | 7 000 |
| 微粒体 | 50～10 000 | 10 000～100 000 | 10 000～30 000 |
| 病毒、DNA | 10～120 | 100 000 | 30 000 |
| RNA | 4～50 | 100 000～400 000 | 30 000～60 000 |
| 蛋白质 | 2～25 | 400 000 | 60 000 |

### （四）沉降时间与转子系数

进行离心时，最主要是选择待分离样品所需的转速、离心力和离心时间。如果转速已知，则需通过沉降时间来确定分离某物质所需的时间。沉降时间（sedimentation time，$t$）指在离心机上把样品中的颗粒从溶液中全部沉降分离出来的时间，统称为离心时间。

$$t=\kappa/S \tag{6-3}$$

$$\kappa=2.54\times 10^{11}\times \frac{\ln r_{max}-\ln r_{min}}{n^2} \tag{6-4}$$

式中，$\kappa$ 为转子系数；$n$ 为所选的转速；$r_{max}$ 为转头的最大半径；$r_{min}$ 为转头的最小半径。任何一个转头，生产厂家都会给出某种速度下的 $\kappa$ 值，可计算出某物质颗粒在某一转速所需要的离心时间。$\kappa$ 值越小，转头离心效率越高，颗粒沉降所需的时间越短。

## 二、离心机的分类

为了满足生产、科研和教学的不同需要，不同类型、不同规格和不同用途的离心机应运而生。按照用途可大致分为两类：制备型离心机和分析型离心机。制备型离心机一般可根据离心机转速不同分为普通离心机（低速）、高速离心机和超速离心机、分析型超高速离心机。

### （一）普通离心机

普通离心机的最大转速为 10 000 r/min，最大 RCF＜10 000$g$，容量从几十毫升至几升，分离形式是固液沉降分离，转子为水平式和斜角式，其转速不能严格控制，通常不带冷冻系统，于室温下操作，主要用于血液制备、细胞碎片或培养基残渣沉降分离、细胞或细菌的分离，以及粗结晶等较大颗粒的分离等。由于不能产生足够的离心场，故不能分离超小粒子（如病毒、DNA 分子）和大分子，不能进行密度梯度离心。

### （二）高速离心机

高速离心机一般转速为 10 000～30 000 r/min，最大 RCF 为 90 000$g$ 左右，最大容量可达 3 L，分离形式也是固液沉降分离，配有各种角式转头、荡平式转头、区带转头、垂直转头和大容量连续流动式转头，一般都有制冷系统和真空系统，以消除高速旋转时转头与空气之间摩擦而产生的热量，离心室的温度可以调节和维持在 0～4 ℃，转速、温度和时间都可以严格准确地控制。通常用于细菌、细胞核、细胞膜、线粒体等大细胞器及硫酸铵沉淀物和免疫沉淀物等的分离与纯化，DNA 制备，质粒提取等工作，但不能有效地沉降病毒、小细胞器（如核蛋白体）或单个分子。

### （三）超速离心机

超速离心机一般转速可达 50 000～80 000 r/min，RCF 最大可达 510 000*g* 左右，离心容量由几十毫升至 2L，分离的形式为差速沉降分离和密度梯度区带分离。离心管平衡允许的误差小于 0.1 g。超速离心机的出现，使生物科学的研究领域有了新的扩展，它既可以分离细胞的亚细胞器结构，也可以分离病毒、核酸、蛋白质和多糖等生物大分子。

### （四）分析型超速离心机

分析型超速离心机可看作是由制备型超速离心机与光学检测系统结合而成，使用了特殊设计的转头和光学检测系统，以便实时测量沉降过程中溶质浓度随时间和距离的改变而发生的改变。通过选择适当的转子速度进行沉降平衡或沉降速度试验，并利用样品的光吸收、折射、干涉或荧光特性建立的光谱方法来参考样品的沉降情况，计算出样品颗粒的沉降速度，从而确定其物理性质。分析型超速离心机的主要优点是在短时间内，用少量样品即可得到被离心物质的许多重要信息，如某种生物大分子是否存在、大致含量、沉降系数、分子大小、是否均一、各组分的比例，以及测定生物大分子的分子量，检测生物大分子的构象变化等。

## 三、常用的离心技术

根据离心的原理和实际工作的需要，目前常用的离心技术主要有三种：沉淀离心法、差速离心法和密度梯度离心法。

### （一）沉淀离心法

当分离悬浮液中可溶部分与不溶性颗粒时，可使用离心机对样品进行简单、快速的离心分离，此方法为沉淀离心法。通常使用固定的转速，离心一定时间以达到分离的目的。沉淀离心法中离心机转速、转子半径及离心时间决定分离效果。该方法是从悬浮液或乳液中分离样品最常用的方法，主要用于去除溶液中悬浮的杂质，或通过离心沉淀收集悬浮于溶液中的颗粒。

### （二）差速离心法

差速离心法是采用逐渐增加离心速度或低速与高速交替进行离心，使沉降速度不同的颗粒在不同的离心速度和不同的离心时间下分批分离的方法。此法一般用于分离沉降系数相差较大的颗粒，待分离的两种或几种粒子的沉降系数的差值足够大（至少差 10 倍以上）才能得到较好的分离，如果两种或几种粒子的沉降系数相差很小，则难得到好的分离。差速离心法一般采用固定角转子，通过较低速度的离心沉淀，最重的颗粒将全部沉到管底，继续将上清液以更高的转速沉淀，即可得到次重的颗粒样品，逐步增加离心转速，即可分别得到不同重量的样品颗粒，以达到分离的目的。差速离心法主要用于动植物病毒、组织匀浆中的细胞器（如细胞核、叶绿体、线粒体等）及核酸和蛋白质等生物大分子的分离、粗提和浓缩。

### （三）密度梯度离心法

密度梯度离心法又称为区带离心法，是使待分离的样品在密度梯度介质中进行离心沉降或平衡，最终分配到梯度介质中某些特定位置，形成不同区带的分离方法。密度梯度离心法不仅可以根据样品颗粒的质量及沉降系数进行分离，也可以根据样品颗粒的密度、形状等特征进行分离。此法的优点：分离效果好，可一次获得较纯的样品颗粒；适应范围广，能分离沉降系数相差较大的颗粒，又能分离有一定浮力密度差的颗粒；颗粒不会挤压变形，能保持颗粒的活性，并防止已形成的区带由于对流引起的混合。其缺点：离心时间长、需制备密度梯度介质溶液、对操作者的技术要求较高。

根据密度梯度介质的浓度及颗粒在其中沉降的行为，密度梯度离心法可分为速率区带离心法（rate-zone centrifugation）和等密度梯度离心法（isopycnic centrifugation）。

速率区带离心法用于分离离子大小、性状各异而密度相近的样本。此法所采用的密度梯度介质为预先制备好的、密度变化较为平缓的介质，该介质的最大密度低于混合样品颗粒的最小密度。待分离样品添加在密度梯度介质的液面上，当样品中不同颗粒间存在沉降速度差时，在一定的离心力作用下，大小、质量不同的颗粒将各自以一定的速度沉降，离心一段时间后，不同沉降系数的样品颗粒逐渐分开，最后在密度梯度介质中形成一系列分解清晰的不连续区带。沉降系数越大，往下沉降越快，所呈现的区带越低。离心时间和离心速度的控制是速率区带离心法成功的关键。此法的梯度介质常用蔗糖、甘油及聚蔗糖（Ficoll）等，其中，蔗糖的最大浓度可达 60%，密度可达 1.28 g/cm$^3$。

等密度梯度离心法采用密度梯度较陡的介质，样品的密度范围不能超过介质的浓度梯度范围。离心前加样至介质中并使其均匀分布，在离心力的作用下，依不同粒子的浮力密度差，有的向下沉降，有的向上浮起，最终沿梯度移动到与它们恰好相等的密度梯度位置上（即等密度点）形成区带。等密度梯度离心法根据样品颗粒浮力密度的差异而加以分离，密度差越大，分离效果越好，而分离效果与颗粒大小和形状无关。等密度梯度离心法采用的梯度介质有碱金属盐类（如 CsCl）、蔗糖、甘油及胶体硅（Percoll）等。其中 CsCl 最大密度可达到 1.7 g/cm$^3$，通常用于核酸等大分子的纯化。而 Percoll 具有渗透压低、黏度小、密度高等特点，适合分离活细胞。等密度梯度离心法通常用于分离纯化核酸、病毒、蛋白质复合体、亚细胞器等，并用于分离纯化组织、血液及其他体液标本中不同类型的细胞。

## 四、离心机的操作和注意事项

**1.** 离心机应水平放置。在离心机投入使用前，或移动过位置及长时间离心后，必须进行离心机水平调整，否则会引起转头运转严重不平衡；离心机应距墙 10 cm 以上，并保持良好的通风环境，远离热源，避免太阳光线的直接照射，室内温度不宜超过 30 ℃，否则会影响冷冻离心机的制冷效果。

**2.** 绝对不允许超过转子的最大转数、能承受的最大离心力和最大允许速度使用；不能在高速运转时使用低速度转子。

**3.** 绝对不允许不平衡运行离心机。样品务必在离心管重量平衡后对称放入转子内，否则在非对称的情况下负载运行，就会使轴承产生离心偏差，引起离心机剧烈振动，严重的会使离心机转轴断裂。在超速离心时离心管有要求对号入座的，平衡后对称放入，使用水平转子时，一定要检查离心管是否挂牢，务必按对应的号码放置离心管，离心管应专机使用，不能混用，否则会损伤转头。

**4.** 离心管套必须全部装入转子内。平衡时应带上管套，离心管套专机使用，不能在不同型号离心机之间混用。

**5.** 不使用带伤的转头。使用前应认真检查转头是否有划痕或被腐蚀，保证转头完好无损。

**6.** 使用前，将离心腔门或盖子关好，将转子盖子拧紧。

**7.** 开机后，离心机转速还未达到预置转速时，操作者不要离开离心机，直到运转正常方可离开，要随时观察运行情况。

**8.** 在运行中，当发现异常情况时必须立即按“STOP”键，并进行适当处理。

**9.** 在运行过程中，突然停电，必须将电源切断，等待转头慢慢靠惯性减速，直到转头速度减为“0”，才能手动将离心腔门打开，取出样品和转头。

**10.** 每次使用后，必须将转头取出，擦拭或者清洗干净，放置在干燥的地方晾干。

**11.** 离心样品不允许含有易燃、易腐蚀或易爆炸（如氯仿、乙醇、丙酮等）、有毒的物质，也不允许在离心机附近存放该类物质；同时注意避免放射性同位素对离心机的污染。

（生 欣）

# 第七章　分子杂交技术和印迹技术

## 一、分子杂交技术

分子杂交在分子生物学上一般指核酸分子杂交，是指核酸分子在变性后再复性的过程中，来源不同但互补配对的 DNA 或 RNA 单链（包括 DNA 和 DNA、DNA 和 RNA 及 RNA 和 RNA）相互结合形成杂合双链的特性或现象。依据此特性建立的一种对目的核酸分子进行定性和定量分析的技术则称为分子杂交技术，通常是将一种核酸单链用同位素或非同位素探针标记，再与另一种核酸单链进行分子杂交，通过对探针的检测实现对未知核酸分子的检测和分析。

### （一）分子杂交的分类

分子杂交技术可按作用环境大致分为液相杂交和固相杂交两种类型。

参加液相杂交反应的核酸和探针都游离在溶液中，其主要缺点是在溶液中杂交后过量的未杂交探针除去较为困难，同时误差较高且操作烦琐复杂，因此其应用较少。

固相杂交是将参加反应的核酸等分子首先固定在硝酸纤维素（nitrocellulose filter，NC）膜、尼龙膜（nylon membrane）、乳胶（颗粒、磁珠）和微孔板等固体支持物上，然后再进行杂交反应。其中以 NC 膜和尼龙膜最为常用，故称为滤膜杂交或膜上印迹杂交。固相杂交后，未杂交的游离探针片段可容易地漂洗除去，同时还具有操作简便、重复性好等优点，故该法最为常用。

固相杂交技术按照操作方法不同可分为原位杂交、印迹杂交、斑点杂交和反向杂交等。原位杂交是用标记探针与细胞或组织切片中的核酸进行杂交，包括菌落原位杂交和组织原位杂交等方法。现在常用的基因芯片技术，在本质上也属于原位杂交。印迹法包括 DNA 印迹法、RNA 印迹法等。

### （二）用于分子杂交的探针技术

在分子杂交技术中，探针是一个必不可少的工具。探针（probe）是带有特殊可检测标记的核酸片段，它具有特定的序列，能够与待测的核酸片段互补结合，因此可以用于检测核酸样品中存在的特定基因。核酸探针既可以是人工合成的寡核苷酸片段，也可以是基因组 DNA 片段、cDNA 全长或部分片段，还可以是 RNA 片段，常用放射性核素、生物素、地高辛或荧光染料等来标记探针。在 NC 膜杂交反应中，标记探针的序列如果与 NC 膜上的核酸序列互补，就可以结合到膜上的相应 DNA 或 RNA 区带，经放射自显影或其他检测手段就可以判定膜上是否有互补的核酸分子存在。

## 二、印迹技术

印迹或转印（blot 或 blotting）技术是指将核酸或蛋白质等生物大分子通过一定方式转移并固定至尼龙膜等支持载体上的一种方法，该技术类似于用吸墨纸吸收纸张上的墨迹，故称为印迹技术。在实际研究操作中，通常还需首先将待转印的生物分子或样品进行电泳分离后再从胶上转移至印迹膜上，按照操作方式或原理不同，常用的转印方法主要有毛细管虹吸转移法、电转移法和真空转移法。而印迹技术中常用的固相支持载体多为滤膜类支持载体，常用的有尼龙膜、NC 膜和 PVDF 膜（polyvinglidene fluoride membrane）。转印完成之后，还要通过多种方法将被转印的物质进行显色以进行各种检测，包括染料直接染色和通过与一些标记的抗体或寡核苷酸探针结合而显色。如果被转印的物质是 DNA 或 RNA，一般使用核酸分子杂交技术进行检测。如果被转印的物质是蛋白质，一般通过与标记的特异性抗体进行抗原-抗体结合反应而间接显色，故又称为免疫印迹技术（immuno-blotting）。

## 三、常用的分子杂交与印迹技术

分子杂交技术与印迹技术实质上是两个完全不同的技术，但在实际研究工作中，由于两者密切相关，通常联合使用。常见的分子杂交与印迹技术包括用于 DNA、RNA 和蛋白质分子检测的 DNA 印迹法、RNA 印迹法和蛋白质印迹法。它们的基本流程如图 7-1 所示。

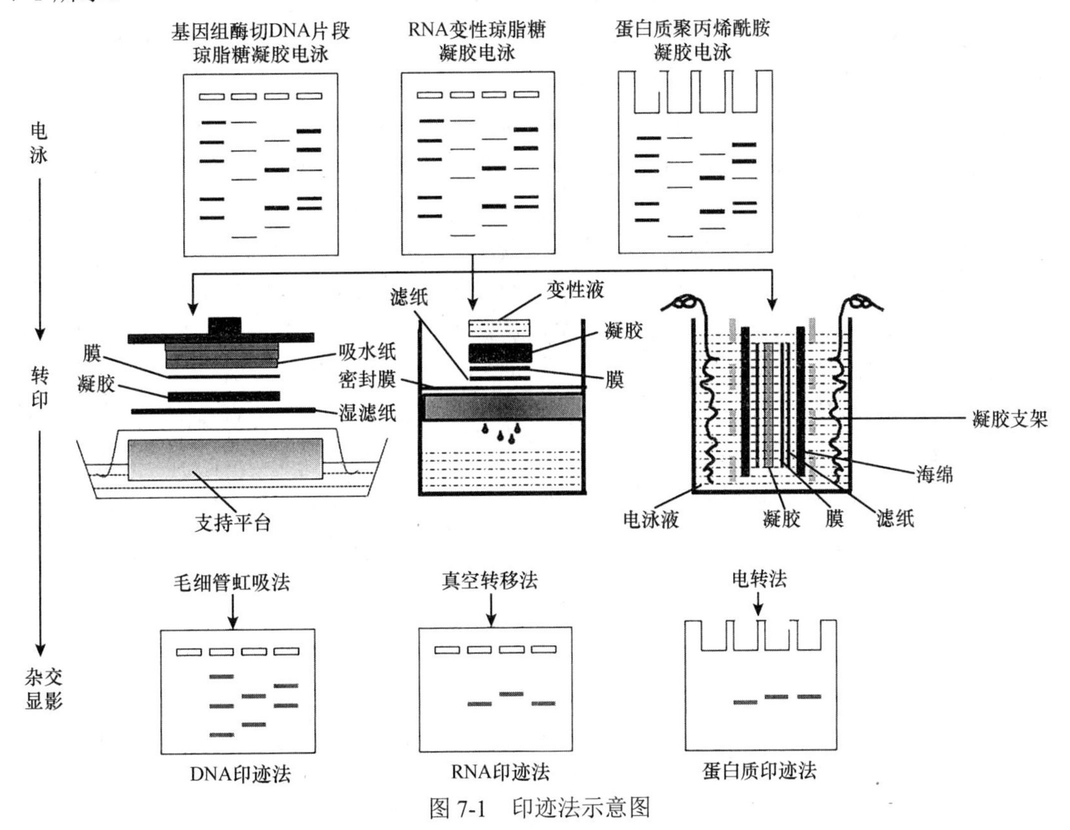

图 7-1　印迹法示意图

### （一）DNA 印迹法

DNA 印迹法（DNA blotting）为英国生物学家 Ediwin Southern 首次应用，因而以其姓氏命名为 Southern 印迹法。DNA 样品经限制性内切酶消化后行琼脂糖凝胶电泳，将含有 DNA 区带的凝胶在变性溶液中处理后，使胶中的 DNA 分子转移到 NC 膜上。转移完成后，在 80℃真空条件加热或在紫外交联仪内处理使 DNA 固定于 NC 膜上，便可进行杂交反应。DNA 印迹法主要用于基因组 DNA 的定性和定量分析，如对基因组中特异基因的定位及检测等，此外亦可用于分析重组质粒和噬菌体。

### （二）RNA 印迹法

利用与 DNA 印迹法相类似的技术来分析 RNA 就称为 RNA 印迹法。相对于 Southern 印迹法，有人将 RNA 印迹称为 Northern 印迹法，其技术原理与 Southern 印迹法相同。RNA 分子较小，在转移前无须进行限制性内切酶切割，而且变性 RNA 的转移效率也比较高。RNA 印迹法目前主要用于检测某一组织或细胞中已知的特异 mRNA 的表达水平，也可用于比较不同组织和细胞中的同一基因的表达情况。尽管用 RNA 印迹法检测 mRNA 表达水平的敏感性较聚合酶链式反应（polymerase chain reaction，PCR）法低，但是由于其特异性强，假阳性率低，仍然被认为是最可靠的 mRNA 水平分析方法之一。

### （三）蛋白质印迹

印迹技术不仅可用于核酸的分子杂交，也可用于蛋白质的分析。人们发现蛋白质在电泳之后也可以从胶中被转移和固定到膜型材料上，再与溶液中相应的蛋白质分子相互结合，常用抗体来检测，因此被称为免疫印迹法。对应于 DNA 的 Southern 印迹法和 RNA 的 Northern 印迹法，蛋白质印迹法被称为 Western 印迹法。

蛋白质印迹法需首先将混合蛋白质用聚丙烯酰胺凝胶电泳按分子大小分开，再将蛋白质转移到 NC 膜或其他膜上。蛋白质的转移只有靠电转移方可实现。蛋白质的分析主要靠抗体来进行。特异性抗体（称为第一抗体）首先与转移膜上相应的蛋白质分子结合，然后用碱性磷酸酶、辣根过氧化物酶标记或放射性核素标记的第二抗体与之结合。反应之后用放射自显影或底物显色来检测蛋白质区带的信号，底物亦可与化学发光剂结合以提高敏感度。蛋白质印迹法用于检测样品中特异性蛋白质的存在、细胞中特异蛋白质的半定量分析及蛋白质分子的相互作用研究等。

除上述三种印迹技术外，还有一些其他方法可用于核酸和蛋白质的分析。例如，可以不经电泳分离而直接将样品点在 NC 膜上用于杂交分析，这种方式被称为斑点印迹（dot blot）；组织切片或细胞涂片可以直接用于杂交分析，称为原位杂交（in situ hybridization）；可以将多种已知序列的 DNA 排列在一定大小的尼龙膜或其他支持物上用于检测细胞或组织样品中的核酸种类，这种技术称为 DNA 芯片技术。

（生　欣）

# 第八章　PCR 技术的原理与应用

应用 PCR 技术可以将微量的目的 DNA 片段大量扩增。它的高敏感、高特异、高产率、可重复及快速简便等优点使其迅速成为分子生物学研究中应用最为广泛的方法，使许多以往无法解决的分子生物学研究难题得以解决。

## 一、PCR 技术的原理

PCR 技术的原理类似于DNA的体内复制过程，即以拟扩增的 DNA 分子为模板，以一对与模板 5'端和 3'端相互补的寡核苷酸片段为引物，以四种 dNTP 为原料，在 DNA 聚合酶作用下，依半保留复制机制沿模板链延伸直至完成两条新链合成。重复这一过程，即可使目的 DNA 片段得到扩增。

组成 PCR 反应体系的基本成分包括模板 DNA、特异引物、耐热性 DNA 聚合酶（如 *Taq* DNA 聚合酶）、dNTP 及含有 $Mg^{2+}$的缓冲液。

PCR 的基本反应步骤包括如下三步。

（1）变性：将反应体系加热至 95 ℃，使模板 DNA 完全变性成为单链，同时引物自身及引物之间存在的局部双链也得以消除，以便模板与引物结合，为下一轮反应做准备。

（2）退火：将温度下降至适宜温度（一般较 $T_m$ 低 5 ℃），使引物与模板 DNA 单链的互补序列配对结合。

（3）延伸：将温度升至 72 ℃，与模板 DNA 结合的引物在 DNA 聚合酶作用下，以 dNTP 为原料，催化合成一条新的与模板 DNA 链互补的新链。

上述三个步骤称为一个循环，新合成的 DNA 分子继续作为下一轮合成的模板，经多次循环（25～30 次）后，即可将引物靶向的 DNA 特定片段迅速扩增上千万倍（图 8-1）。

## 二、PCR 技术的主要用途

### （一）目的基因的克隆

PCR 技术为在重组 DNA 过程中获得目的基因片段提供了简便快速的方法。该技术可用于：①利用特异性引物以 cDNA 或基因组 DNA 为模板获得已知目的基因片段，或与逆转录反应相结合，直接以组织和细胞的 mRNA 为模板获得目的片段；②利用简并引物从 cDNA 文库或基因组文库中获得序列相似的基因片段；③利用随机引物从 cDNA 文库或基因组文库中克隆基因。

### （二）基因的体外突变

在 PCR 技术建立以前，在体外对基因进行各种突变是一项费时费力的工作。现在，利用 PCR 技术可以随意设计引物在体外对目的基因片段进行嵌合、缺失、点突变等改造。

### （三）DNA 和 RNA 的微量分析

PCR 技术高度敏感，对模板 DNA 的量要求很低，是 DNA 和 RNA 微量分析的最好方法。理论上讲，只要存在 1 分子的模板，就可以获得目的片段。在实际工作中，1 滴血液、1 根毛发或 1 个细胞已足以满足 PCR 技术的检测需要，因此 PCR 技术在基因诊断方面具有极广阔的应用前景。

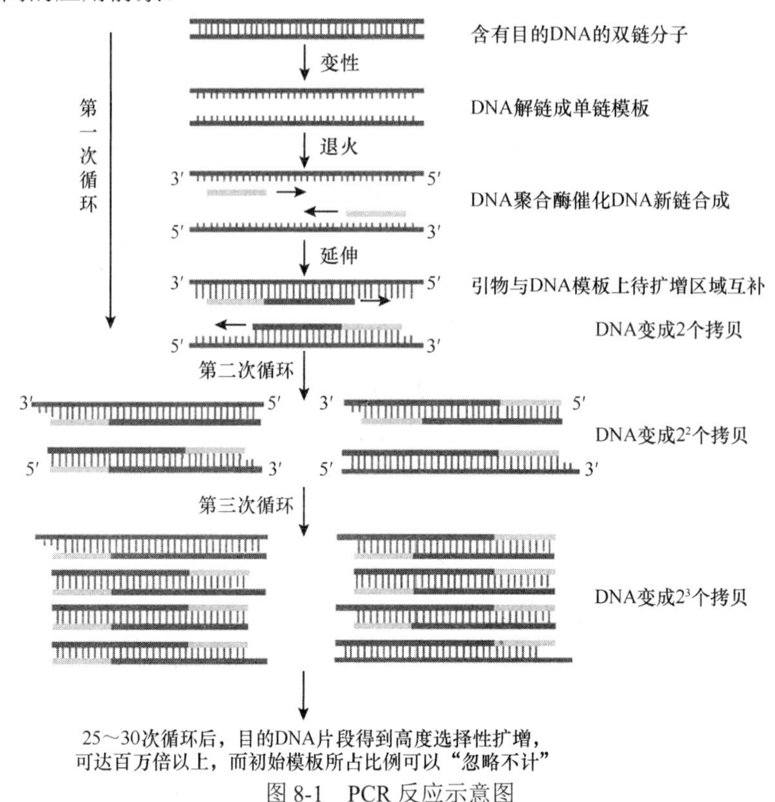

图 8-1　PCR 反应示意图

### (四) DNA 序列测定

将 PCR 技术引入 DNA 序列测定，使测序工作大为简化，也提高了测序的速度。待测 DNA 片段既可克隆到特定的载体后进行序列测定，也可直接测定。

### (五) 基因突变分析

PCR 与其他技术的结合可以大大提高基因突变检测的敏感性，如单链构象多态性分析、等位基因特异的寡核苷酸探针分析、基因芯片技术等。

## 三、几种常见的 PCR 衍生技术

PCR 技术自身的发展及其与已有分子生物学技术的结合形成了多种 PCR 衍生技术，提高了 PCR 反应的特异性和应用的广泛性。

### (一) 逆转录 PCR 技术

逆转录 PCR（reverse transcription PCR，RT-PCR）技术是将 RNA 的逆转录反应和 PCR 反应联合应用的一种技术。首先以 RNA 为模板，在逆转录酶的作用下合成互补 DNA（complementary DNA，cDNA），再以 cDNA 为模板通过 PCR 反应来扩增目的基因。RT-PCR 技术是目前对已知序列的 RNA 进行定性及半定量分析的最有效方法，如真核基因的 cDNA 克隆、对真核基因在 mRNA 水平上的表达分析，以及临床上对病毒 RNA 的检测分析等。

### （二）原位 PCR 技术

原位 PCR（in situ PCR）技术将 PCR 技术和原位杂交技术相结合，是在由甲醛溶液（福尔马林）固定、石蜡包埋的组织切片或细胞涂片上的单个细胞内进行的 PCR 反应，然后用特异性探针进行原位杂交，即可检出待测 DNA 或 RNA 是否在该组织或细胞中存在。由于常规 PCR 或 RT-PCR 技术的产物不能在组织细胞中直接定位，因而不能与特定的组织细胞特征表型相联系，而原位杂交技术虽有良好的定位效果，但检测的灵敏度不高。原位 PCR 方法弥补了 PCR 技术和原位杂交技术的不足，是将目的基因的扩增与定位相结合的一种最佳方法。

### （三）定量 PCR 技术

常规 PCR 反应中产物以指数形式增加，在比较不同来源样品的 DNA 或 cDNA 含量时，产物的堆积将影响对检测样品中原有模板含量差异的准确判断，因而只能作为半定量手段应用。定量 PCR（quantitative PCR，Q-PCR）技术，也称实时 PCR（real-time PCR）技术，或实时定量 PCR（real-time quantitative PCR）技术，通过动态监测反应过程中的产物量，消除了产物堆积对定量分析的干扰，达到对反应体系中的模板进行精确定量的目的。与传统 PCR 反应相比，定量 PCR 在反应体系中加入了荧光基团，利用荧光信号积累实时监测整个 PCR 进程以达到对未知模板进行定量分析的目的。常用的检测方法有 SYBR Green Ⅰ法与 TaqMan 探针法。

SYBR Green Ⅰ法是在 PCR 反应体系中，加入过量 SYBR 荧光染料。SYBR Green Ⅰ是一种具有绿色激发波长的染料，最大吸收波长约为 497 nm，发射波长最大约为 520 nm，可以和所有的 dsDNA 双螺旋小沟区域结合。在游离状态下 SYBR Green Ⅰ发出的荧光较弱，但是当它与双链 DNA 结合后，荧光就会大大增强，而且荧光信号的增加与 PCR 产物的增加完全同步。此法的优点是它可以监测任何 dsDNA 序列的扩增，检测方法较为简单，成本较低，但也正是由于荧光染料能和任何 dsDNA 结合，如非特异性扩增产物和引物二聚体也能与染料结合而产生荧光信号，使实验产生假阳性结果，因此其特异性不如探针法。因为非特异性产物和引物二聚体的变性温度要比目标产物的低，所以可以在熔解曲线（melting curve）反应过程中利用软件对仪器收集到的信号进行鉴别。

TaqMan 探针法在常规正向和反向引物之间增加了一种特殊引物作为探针。探针的 5′端有一个荧光报告基团（reporter，R），3′端有一个荧光猝灭基团（quencher，Q）。没有扩增反应时，探针保持完整，荧光报告分子和荧光猝灭分子同时存在于探针上，无荧光信号释放。随着 PCR 的进行，*Taq* DNA 聚合酶在链延伸过程中遇到与模板结合着的荧光探针，其 5′→3′核酸外切酶就会将该探针逐步切断，荧光报告基团一旦与荧光猝灭基团分离，便产生荧光信号。后者被荧光监测系统接收，用于数据分析（图 8-2）。

定量 PCR 技术的基本原理是引入了荧光标记分子，荧光信号强度与 PCR 产物量成正比，对每一反应时刻的荧光信号进行实时分析，从而计算出 PCR 的产物量。同时，根据动态变化数据，还可以精确计算出样品中最初的含量差异。在定量 PCR 过程中，每经过一个循环，仪器自动收集一个荧光强度信号，PCR 过程完成后，以循环数为横坐标，以荧光强度为纵坐标，即可绘制出一条扩增曲线。该曲线可分为三个阶段：①荧光背景信号阶段（即基线期）；②荧光信号指数扩增阶段（即对数期）；③平台期（图 8-3）。

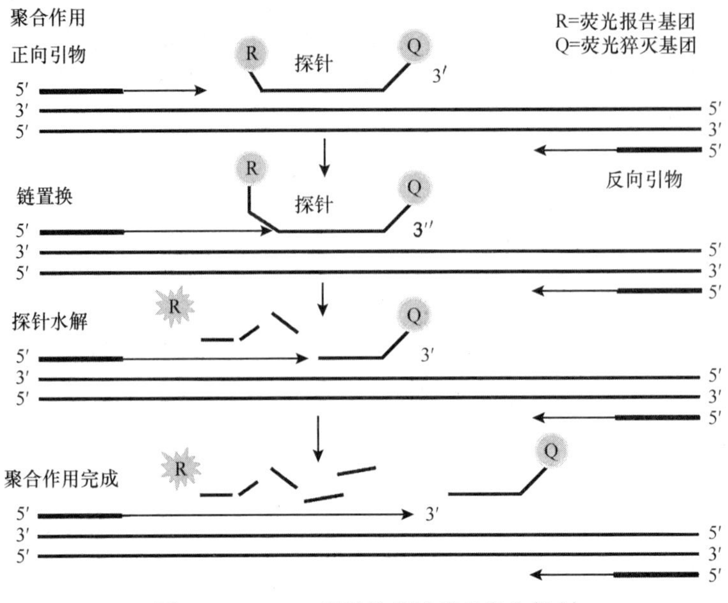


图 8-2　TaqMan 探针的荧光信号发生机制

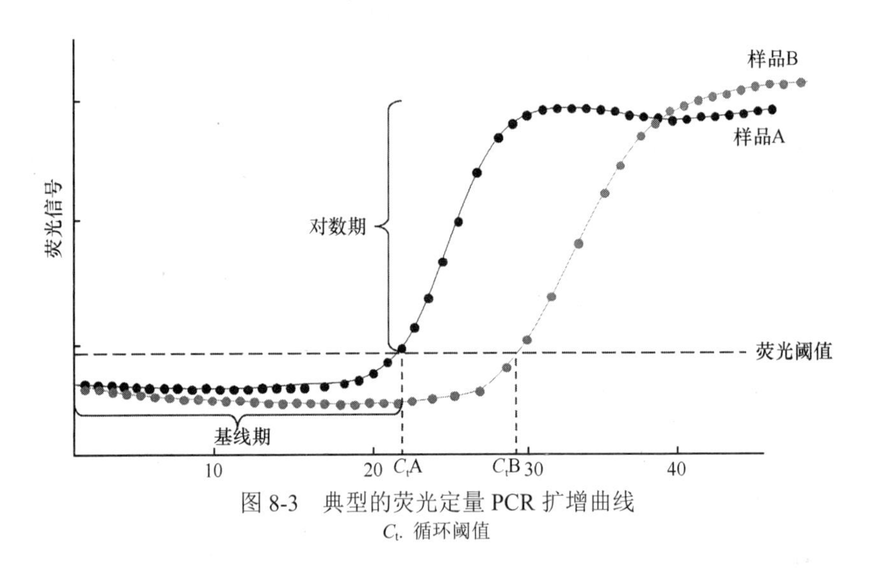


图 8-3　典型的荧光定量 PCR 扩增曲线

$C_t$. 循环阈值

定量 PCR 理论中，特别引入了循环阈值的概念。循环阈值（cycle threshold，$C_t$）是指在 PCR 扩增过程中，扩增产物的荧光信号达到设定的荧光阈值时所经历的循环数。而荧光阈值（threshold）一般是以 PCR 反应的前 15 个循环的荧光信号作为荧光本底信号（baseline），缺省设置是 3～15 个循环的荧光信号的标准偏差的 10 倍。通俗地讲，荧光阈值实际上就是荧光信号开始由本底信号进入指数增长阶段的拐点时的荧光信号强度。

因为反应管内的荧光信号强度到达设定阈值所经历的循环数即 $C_t$ 值与扩增的起始模板量存在线性对数关系，所以可以对扩增样品中的目的基因的模板量进行准确的绝对定量和（或）相对定量，起始模板量越多，则 $C_t$ 值越小（图 8-4）。

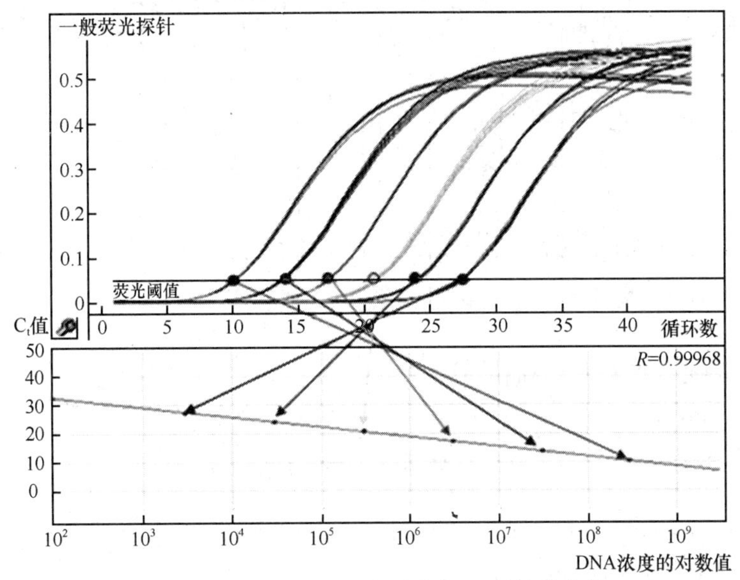


图 8-4　不同模板量的实时荧光 PCR 扩增曲线

（生　欣）

# 第三篇　基础生物化学实验

## 第九章　蛋　白　质

### 实验一　蛋白质定量分析（一）：紫外线吸收法

#### 【目　　的】

**1.** 了解紫外线吸收法测定蛋白质含量的原理。

**2.** 了解紫外分光光度计的构造原理，掌握其使用方法。

#### 【原　　理】

由于蛋白质分子中酪氨酸和色氨酸残基的苯环含有共轭双键，因此蛋白质具有吸收紫外线的性质，其吸收高峰在 280 nm 波长处。在此波长范围内，蛋白质溶液的吸光度（$A$）值与其含量呈正比关系，可用作蛋白质定量测定。

利用紫外线吸收法测定蛋白质含量的优点是迅速、简便、不消耗样品，低浓度盐类不干扰测定。因此，此方法在蛋白质和酶的生物化学制备中（特别是在柱层析分离中）被广泛应用。此法的缺点：对于测定与标准蛋白质中酪氨酸和色氨酸含量差异较大的蛋白质，有一定的误差；若样品含有嘌呤、嘧啶等吸收紫外线的物质，也会出现较大的干扰。

不同的蛋白质和核酸的紫外线吸收是不同的，即使经过校正，测定结果也会存在一定的误差，但可作为初步定量的依据。

#### 【操　　作】

**1. 标准曲线法**

（1）标准曲线的绘制：按表 9-1 分别向每支试管加入各种试剂，摇匀。选用光程为 1 cm 的石英比色杯，在 280 nm 波长处分别测定各管溶液的吸光度值。以蛋白质浓度为横坐标，$A_{280}$ 值为纵坐标，绘制标准曲线（图 9-1）。

**表 9-1　蛋白质标准曲线绘制数据表**

| | 1 | 2 | 3 | 4 | 5 | 6 | 7 | 8 | 9 |
|---|---|---|---|---|---|---|---|---|---|
| 蛋白质标准溶液（mL） | 0 | 0.5 | 1.0 | 1.5 | 2.0 | 2.5 | 3.0 | 3.5 | 4.0 |
| 蒸馏水（mL） | 4.0 | 3.5 | 3.0 | 2.5 | 2.0 | 1.5 | 1.0 | 0.5 | 0 |
| 相当于蛋白质浓度（mg/mL） | 0 | 0.125 | 0.250 | 0.375 | 0.500 | 0.625 | 0.750 | 0.875 | 1.00 |
| $A_{280}$ | | | | | | | | | |

（2）样品测定：取待测蛋白质溶液 1 mL，加入蒸馏水 3 mL，摇匀，按上述方法在 280 nm 波长处测定吸光度值，并从标准曲线上查出待测蛋白质的浓度。

**2. 其他方法**

（1）将待测蛋白质溶液适当稀释，分别在波长 260 nm 和 280 nm 处测出吸光度值，然后利用其在 280 nm 及 260 nm 下的吸收差求出蛋白质的浓度。

计算公式：蛋白质浓度（mg/mL）= $1.45A_{280}-0.74A_{260}$

此外，也可先计算出 $A_{280}/A_{260}$ 的值后，从表 9-2 中查出校正因子 $F$ 值，同时可查出样品中混杂的核酸的百分含量，将 $F$ 值代入，再由经验公式式（9-1）直接计算出该溶液的蛋白质浓度。

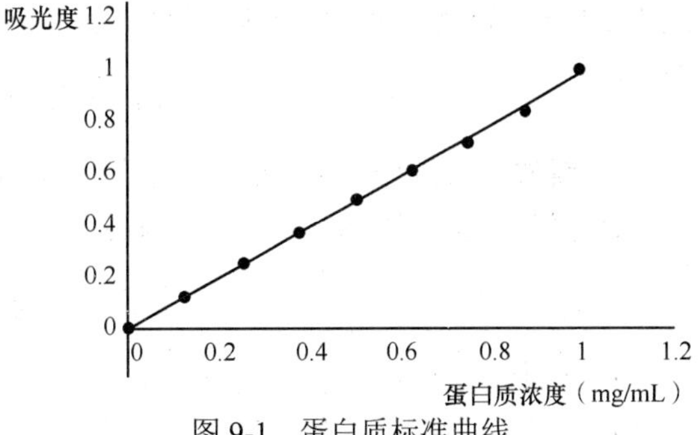

图 9-1　蛋白质标准曲线

**表 9-2　紫外吸收法测定蛋白质含量的校正因子**

| $A_{280}/A_{260}$ | 因子（$F$） | 核酸（%） | $A_{280}/A_{260}$ | 因子（$F$） | 核酸（%） |
|---|---|---|---|---|---|
| 1.75 | 1.116 | 0.00 | 0.846 | 0.656 | 5.50 |
| 1.63 | 1.081 | 0.25 | 0.822 | 0.632 | 6.00 |
| 1.52 | 1.054 | 0.50 | 0.804 | 0.607 | 6.50 |
| 1.40 | 1.023 | 0.75 | 0.784 | 0.585 | 7.00 |
| 1.36 | 0.994 | 1.00 | 0.767 | 0.565 | 7.50 |
| 1.30 | 0.970 | 1.25 | 0.753 | 0.545 | 8.00 |
| 1.25 | 0.944 | 1.50 | 0.730 | 0.508 | 9.00 |
| 1.16 | 0.899 | 2.00 | 0.705 | 0.478 | 10.00 |
| 1.09 | 0.852 | 2.50 | 0.671 | 0.422 | 12.00 |
| 1.03 | 0.814 | 3.00 | 0.644 | 0.377 | 14.00 |
| 0.979 | 0.776 | 3.50 | 0.615 | 0.322 | 17.00 |
| 0.939 | 0.743 | 4.00 | 0.595 | 0.278 | 20.00 |
| 0.874 | 0.682 | 5.00 | | | |

注：一般纯蛋白质的吸光度比值（$A_{280}/A_{260}$）约为 1.8，而纯核酸的比值约为 0.5

$$\text{蛋白质浓度(mg / mL)} = F \times \frac{1}{d} \times A_{280} \times N \tag{9-1}$$

式中，$A_{280}$ 为该溶液在 280 nm 下测得的吸光度值；$d$ 为石英比色杯的厚度（cm）；$N$ 为溶液的稀释倍数。

（2）对于稀蛋白质溶液还可用 215 nm 和 225 nm 的吸收差来测定浓度。从吸收差（$\Delta A$）与蛋白质含量的标准曲线即可求出浓度。

$$\Delta A = A_{215} - A_{225} \tag{9-2}$$

式中，$A_{215}$、$A_{225}$ 分别是蛋白质溶液在 215 nm 和 225 nm 波长下测得的吸光度值。此法在蛋白质含量达 20～100 μg/mL 时，是遵循 Lambert-Beer 定律的。氯化钠、硫酸铵及 0.1 mol/L 磷酸、硼酸和三羟甲基氨基甲烷等缓冲液都无显著干扰作用。但是 0.1 mol/L 乙酸、琥珀酸、邻苯二甲酸及巴比妥等缓冲液在 215 nm 波长下的吸收较大，不能应用，必须降至 0.005 mol/L 才无显著影响。由于蛋白质的紫外吸收峰常因 pH 的改变而有少许变化，故应用紫外吸收法时需注意溶液 pH 应与标准曲线制订时的溶液 pH 一致。

（3）如果已知某标准浓度蛋白质在 280 nm 波长处的吸光度值，则取该蛋白质待测溶液于 280 nm 处测定吸光度值后，通过公式 $c_{测}=A_{测}/A_{标}\times c_{标}$，便可直接求出蛋白质的浓度。

## 【实验材料】

**1. 器材** 紫外分光光度计、试管和试管架、吸量管、天平、量筒等。

**2. 试剂** 蛋白质标准溶液：准确称取标准蛋白质，配制成浓度为 1 mg/mL 的溶液。

## 【思 考 题】

**1.** 本法与其他测定蛋白质含量的方法相比有哪些优缺点?

**2.** 若样品中有干扰测定的杂质，应如何校正实验结果?

（冯赞杰）

# 实验二 蛋白质定量分析（二）：二辛可酸法

## 【目 的】

掌握二辛可酸法测定蛋白质浓度的基本原理。

## 【原 理】

二辛可酸（bicinchoninince acid，BCA）法测定蛋白质的原理与 Lowry 法相似，即在碱性条件下蛋白质与二价铜离子（$Cu^{2+}$）络合，并将其还原成一价铜离子（$Cu^{+}$）。1 个 $Cu^{+}$ 螯合 2 个 BCA 分子，使其由原来的苹果绿色物质转变成稳定的紫蓝色复合物，且在 562 nm 处有强烈光吸收，最大光吸收强度与蛋白质浓度成正比。

此方法被科研工作者广泛选用，其特点：①操作简便，快速，45 min 内完成测定，比经典的 Lowry 法快 4 倍且更方便；②准确灵敏，试剂稳定性好，BCA 试剂的蛋白质测定范围是 20～200 μg/mL，微量 BCA 测定范围为 0.5～10 μg/mL，检测不同蛋白质分子的变异系数远小于考马斯亮蓝结合法；③经济实用，操作可在试管内进行，也可在微板孔中进行（待测样品体积为 1～20 μL），大大节约了样品和试剂用量；④抗试剂干扰能力较强，不受绝大部分样品中的去污剂、尿素等化学物质影响，可以兼容样品中高达 50 g/L 的 SDS、TritonX-100 和吐温 20、吐温 60、吐温 80。

## 【操 作】

取 7 支试管按表 9-3 编号（1～5 号为蛋白质标准溶液）并操作。

**表 9-3 BCA 法测定蛋白质含量**

| | 空白管 | 1 | 2 | 3 | 4 | 5 | 测定管 |
|---|---|---|---|---|---|---|---|
| 0.3 mg/mL 蛋白质标准溶液（mL） | — | 0.1 | 0.2 | 0.3 | 0.4 | 0.5 | — |
| 蒸馏水（mL） | 3.0 | 2.9 | 2.8 | 2.7 | 2.6 | 2.5 | 2.5 |
| 待测样品（mL） | — | — | — | — | — | — | 0.5 |
| BCA 工作液（mL） | 2.0 | 2.0 | 2.0 | 2.0 | 2.0 | 2.0 | 2.0 |
| 混匀，置于 37 ℃保温 30 min，在 562 nm 波长处比色测定吸光度值 | | | | | | | |
| 相当于蛋白质含量（μg） | 0 | 30 | 60 | 90 | 120 | 150 | |

## 【计 算】

**1. 通过标准曲线计算蛋白质浓度**

（1）绘制标准曲线：以蛋白质含量为横坐标，吸光度值为纵坐标绘制标准曲线。

（2）用测定管吸光度值在标准曲线上查找相应的蛋白质含量，再计算出待测血清中蛋白质浓度（g/L）。

**2. 应用标准管法计算蛋白质浓度** 从标准管中选择一管吸光度值与测定管接近者，用 Lambert-Beer 定律求出待测血清中蛋白质浓度（g/L）。

## 【实验材料】

**1. 器材** 722 型分光光度计、pH 计、恒温水浴箱、刻度移液管或移液枪、试管等。

**2. 试剂**

（1）试剂 A：含 1% BCA 二钠盐、2%无水 $Na_2CO_3$、0.16%酒石酸钠、0.4% NaOH、0.95% $NaHCO_3$，pH 为 11.25。

（2）试剂 B：4% $CuSO_4$ 溶液。

（3）BCA 工作液：试剂 A 100 mL + 试剂 B 2 mL，混合即成。市面有 BCA 法试剂盒销售。

（4）蛋白质标准溶液：准确称取 30 mg 牛血清白蛋白，溶于 100 mL 生理盐水中，即为 0.3 mg/mL 蛋白质标准溶液。

（5）待测样品。

## 【思 考 题】

1. 试比较 BCA 法与双缩脲法、Lowry 法的异同。
2. BCA 法常用于科研，其有哪些特点?

（冯赞杰）

# 实验三 蛋白质定量分析（三）：Folin-酚试剂法

## 【目 的】

1. 掌握 Folin-酚试剂法测定蛋白质含量的基本原理及操作。
2. 了解 Folin-酚试剂法测定蛋白质含量的优缺点。

## 【原 理】

蛋白质在碱性条件下其肽键能与 $Cu^{2+}$ 螯合形成蛋白质-铜复合物，此复合物使酚试剂中磷钼酸和磷钨酸还原，产生蓝色化合物，在一定条件下，蓝色深浅与蛋白质浓度呈正比，故可在 650 nm 处通过比色法测定蛋白质浓度。

本方法是一种改良 Folin-酚试剂法，也称为 Lowry 法，是测定蛋白质浓度的常用方法之一。该方法的优点是操作简便、迅速，方法的灵敏度较高，可检测蛋白质含量范围为 10～60 μg/mL，比双缩脲法灵敏约 100 倍，可用于脑脊液等蛋白质含量少的样品测定。缺点是酚试剂配制较麻烦，而且受蛋白质中酪氨酸含量的影响较大，特异性不高。由于本方法可受含—SH 的化合物、糖类、酚类等还原物质，甚至 Tris 等缓冲液干扰，故限制了其在临床的应用。

蛋白质中酪氨酸、色氨酸也能使磷酸和钨酸还原成多种蓝色的混合酸（半胱氨酸和组氨酸作用较弱），但其最大吸收峰为 745～750 nm。

## 【操　　作】

取 7 支试管编号，按表 9-4 操作。

**表 9-4　Folin-酚试剂法测定蛋白质含量**

| | 空白管 | 1 | 2 | 3 | 4 | 5 | 测定管 |
|---|---|---|---|---|---|---|---|
| 0.3 mg/mL 蛋白质标准溶液（mL） | — | 0.2 | 0.4 | 0.6 | 0.8 | 1.0 | — |
| 蒸馏水（mL） | 1.0 | 0.8 | 0.6 | 0.4 | 0.2 | — | — |
| 待测样品（mL） | — | — | — | — | — | — | 1.0 |
| 碱性铜试剂（mL） | 5.0 | 5.0 | 5.0 | 5.0 | 5.0 | 5.0 | 5.0 |
| 混匀，置于 20～25 ℃水浴保温 10 min | | | | | | | |
| 酚试剂（mL） | 0.5 | 0.5 | 0.5 | 0.5 | 0.5 | 0.5 | 0.5 |
| 混匀，置于 20～25 ℃水浴保温 30 min，于波长 650 nm 处比色，测吸光度值 | | | | | | | |
| 相当于蛋白质含量（μg） | 0 | 60 | 120 | 180 | 240 | 300 | |

## 【计　　算】

**1. 通过标准曲线计算蛋白质含量**

（1）绘制标准曲线：以蛋白质含量为横坐标，吸光度值为纵坐标绘制标准曲线。

（2）用测定管吸光度值在标准曲线上查找相应的蛋白质含量，再计算出待测血清中蛋白质浓度（g/L）。

**2.** 从标准管中选择一管吸光度值与测定管接近者，用 Lambert-Beer 定律求出待测血清中蛋白质浓度（g/L）。

## 【实验材料】

**1. 器材**　722 型分光光度计、恒温水浴箱、试管、刻度吸管，天平、玻璃棒、烧杯、量筒、圆底烧瓶、棕色瓶、容量瓶等。

**2. 试剂**

（1）碱性铜溶液

A 液：称取 $Na_2CO_3$ 2 g 溶于 100 mL 1 mol/L 氢氧化钠溶液中。

B 液：称取结晶硫酸铜（$CuSO_4 \cdot 5H_2O$）1 g 放于小烧杯中，加 10 mL 蒸馏水，用玻璃棒搅拌使其溶解，将此溶液转移到量筒中；称取酒石酸钾钠 2 g 放于小烧杯中，加 80 mL 蒸馏水搅拌使其溶解，亦将此溶液转移到上述量筒中，再加蒸馏水定容至 100 mL。

使用前取 A 液 50 mL，B 液 1 mL 混合，即为碱性铜溶液。该试剂必须临用前配制。

（2）酚试剂

1）市售酚试剂在使用前用 NaOH 滴定，使最后酸度相当于 1 mol/L HCl 溶液。

2）自配酚试剂

酚试剂储备液：称取 $Na_2WO_4 \cdot 2H_2O$ 100 g，$Na_2M_OO_3 \cdot 2H_2O$ 25 g，溶于 700 mL 蒸馏水中，再加 850 g/L $H_3PO_4$ 50 mL，浓 HCl 100 mL。将以上物质混合后，置 1000 mL 圆底烧瓶中温和回流 10 h，冷却后加 $Li_2SO_4 \cdot H_2O$ 150 g，水 50 mL，溴水数滴，摇匀，继续沸腾 15 min 除去剩余的溴。冷却后稀释至 1000 mL，过滤。溶液应呈黄色或金黄色（带绿色不能用），置于棕色瓶中保存。

酚试剂应用液：酚试剂储备液使用前用标准 NaOH 滴定，以酚酞为指示剂，而后加约 1 倍的水稀释，使最后酸度相当于 1 mol/L HCl 溶液。

（3）0.3 g/L 蛋白质标准溶液：准确称取 30 mg 牛血清白蛋白，用蒸馏水溶解后置于容量瓶中定容至 100 mL。

（4）待测样品：准确量取血清 0.1 mL，置于 50 mL 容量瓶中，再加 0.9% NaCl 溶液至刻度，充分混匀即成。

## 【注意事项】

**1.** 按表 9-4 顺序添加试剂，蛋白质浓度应在 0.015～0.110 g/L 范围。

**2.** 酚试剂在酸性条件下稳定，碱性条件下（碱性铜溶液）易被破坏，因此加酚试剂后要立即混匀，使酚试剂（磷钼酸）在破坏前即被还原。

## 【思　考　题】

**1.** 试比较酚试剂法与双缩脲法测定蛋白质的原理、灵敏度、特异性。

**2.** 为什么加酚试剂后必须马上混匀？

（朱欣婷）

# 实验四　蛋白质定量分析（四）：考马斯亮蓝结合法

## 【目　　的】

**1.** 掌握考马斯亮蓝结合法测定蛋白质含量的基本原理及操作。

**2.** 了解考马斯亮蓝结合法测定蛋白质含量的优缺点。

## 【原　　理】

考马斯亮蓝 G-250（coomassie brilliant blue G-250）染料在游离状态下呈红色，最大光吸收在 488 nm 波长处；它在酸性条件下与蛋白质结合后变为青色，蛋白质-色素结合物在 595 nm 波长下有最大光吸收，其吸光度值与蛋白质浓度呈正比，故可用于蛋白质定量测定。研究认为染料主要与蛋白质分子中碱性氨基酸（特别是精氨酸）和芳香族氨基酸残基结合。

考马斯亮蓝结合法是一种常用的微量蛋白质快速测定方法，于 1976 年由 Bradford 建立，也称 Bradford 法。其突出的优点：①灵敏度高，比 Lowry 法高 4 倍，最低检测量可达 1 μg，是目前灵敏度最高的蛋白质测定法。测定蛋白质浓度范围为 0～1000 μg/mL，微量法测定蛋白含量范围为 1～10 μg，常量法则以检测范围 10～100 μg 为宜；②测定快速、简便，只需加1种试剂即可，染料与蛋白质结合后在2 min左右的时间内达到平衡，其结合物在5～20 min时颜色的稳定性最好，在室温下1 h内颜色保持稳定；③干扰物质少，对Lowry法有干扰的$K^+$、$Na^+$、$Mg^{2+}$、Tris缓冲液、糖和蔗糖、甘油、巯基乙醇、EDTA等均不干扰此方法。缺点：①由于各种蛋白质分子中精氨酸和芳香族氨基酸含量不同，故考马斯亮蓝结合法用于不同蛋白质测定时有较大的偏差，在制作标准曲线时通常选用γ-球蛋白作为标准蛋白质，以减少这方面的偏差；②当样品中存在较大量SDS、Triton X-100等去垢剂时，显色反应会受到干扰，样品缓冲液呈强碱性时也会影响显色；③标准曲线有轻微的非线性，因而不能用Lambert-Beer定律进行计算，只能用标准曲线来测定未知蛋白质的浓度；④比色杯染色严重，影响重复性。

## 【操　　作】

常量法：取试管8支，按表9-5编号（1～6号为不同浓度蛋白质标准溶液）。将1 mg/mL的蛋白质标准溶液按表9-5配制成0～100 μg/mL系列浓度稀释液，同时取未知样品溶液按表9-5操作。

**表9-5　考马斯亮蓝结合法测定蛋白质含量**

| | 空白管 | 1 | 2 | 3 | 4 | 5 | 6 | 测定管 |
|---|---|---|---|---|---|---|---|---|
| 1.0 mg/mL 蛋白质标准溶液（mL） | — | 0 | 0.02 | 0.04 | 0.06 | 0.08 | 0.10 | — |
| 0.9% NaCl 溶液（mL） | 1.00 | 1.00 | 0.98 | 0.96 | 0.94 | 0.92 | 0.90 | — |
| 稀释血清样品（mL） | — | — | — | — | — | — | | 1.00 |
| 考马斯亮蓝 G-250 染液（mL） | 5.00 | 5.00 | 5.00 | 5.00 | 5.00 | 5.00 | 5.00 | 5.00 |
| 混匀，室温静置2～3 min。以空白管调零，在波长595 nm比色，读取各管的吸光度值 | | | | | | | | |
| 相当于蛋白质含量（μg） | 0 | 0 | 20 | 40 | 60 | 80 | 100 | |

## 【计　　算】

**1.** 绘制标准曲线：以各标准管蛋白质含量（μg）为横坐标，各管吸光度值为纵坐标作图，绘制标准曲线。

**2.** 用测定管吸光度值在标准曲线上查出相应的蛋白质含量，按式（9-3）计算出该样品的蛋白质浓度（g/L）。

未知样品蛋白质浓度（g/L）=标准曲线查得蛋白质浓度×稀释倍数×单位换算　（9-3）

## 【实验材料】

**1. 器材**　试管、移液管、722型分光光度计、天平、容量瓶等。

**2. 试剂**

（1）0.9% NaCl溶液。

（2）1 mg/mL蛋白质标准溶液：准确称取100 mg牛血清白蛋白，溶于100 mL蒸馏水中，即为1 mg/mL的原液。

（3）待测血清：取血清0.25 mL，置于50 mL容量瓶中，加生理盐水至刻度，摇匀。样品稀释200倍。

（4）考马斯亮蓝G-250染液：称取考马斯亮蓝G-250 0.1 g，溶于50 mL 90%乙醇溶液中，加入85%磷酸溶液（*W*/*V*）100 mL，最后用蒸馏水定容到1000 mL。此溶液在常温下可放置1个月。

（5）95%乙醇溶液。

（6）85%磷酸溶液（*W*/*V*）。

## 【注意事项】

**1.** 不可使用石英比色杯(因不易洗去染料)。塑料或玻璃比色杯使用后立即用少量95%乙醇溶液洗去染料，防止读数误差。

**2.** 塑料比色杯不可用乙醇或丙酮长时间浸泡。

## 【思　考　题】

**1.** 考马斯亮蓝结合法测定蛋白质含量的基本原理是什么？

**2.** 简述考马斯亮蓝结合法测定蛋白质含量的优缺点。

（朱欣婷）

# 实验五　蛋白质定量分析（五）：改良微量凯氏定氮法

## 【目　　的】

掌握微量凯氏定氮法测定蛋白质含量的原理及操作方法。

## 【原　　理】

蛋白质是机体内主要的含氮物质，氮元素的含量较恒定，一般为16%，其他非蛋白质的含氮化合物所含氮量甚微。因此，测定生物样品的含氮量，即可推算蛋白质含量。

测定生物样品中的含氮量，最常用的方法是凯氏定氮法，本实验采用改良微量凯氏定氮法，其原理如下所示。

**1. 氧化并固定有机氮质**（消化）　以强氧化剂（浓$H_2SO_4$，亚硒酸）与稀释血清混合加热、消化，血清中的有机物质全部分解，大部分氧化逸出（如$CO_2\uparrow$、$SO_2\uparrow$、$H_2O\uparrow$），氮则以$(NH_4)_2SO_4$形式被固定下来。

$$\text{含氮有机化合物} \xrightarrow[\text{加热}]{H_2SO_4\ \text{亚硒酸}} NH_3\uparrow+CO_2\uparrow+SO_2\uparrow+H_2O\uparrow$$

$$2NH_3+H_2SO_4 \longrightarrow (NH_4)_2SO_4$$

**2. 显色、比色**　$(NH_4)_2SO_4$与碱性的纳氏（Nessler）试剂作用，生成棕色胶体溶液，然后与用同样方法处理的$(NH_4)_2SO_4$标准溶液比色，计算血清总氮量。

$$(NH_4)_2SO_4+2NaOH \longrightarrow Na_2SO_4+2NH_4OH$$

$$2NH_4OH+2(KI_2)\cdot HgI_2 \longrightarrow NH_2Hg_2I_3+4KI+NH_4I+2H_2O$$

碘化钾汞双盐　　　　碘代双汞胺

**3. 制备无蛋白质血滤液**　血清中含有非蛋白质的含氮化合物（如尿素、尿酸、肌酐、肌酸、氮、氨基酸等），其中所含的氮称为非蛋白质氮（non-protein nitrogen），通常简写为NPN。测定时需先将血清制备成无蛋白质血滤液，再经消化、显色、比色即可测得血清非蛋白质氮的含量。

本实验采用钨酸法制备无蛋白质血滤液，其原理为$Na_2WO_4$与$H_2SO_4$作用生成$H_2WO_4$，后者使蛋白质沉淀，过滤可得无蛋白质血滤液。

$$Na_2WO_4+H_2SO_4 \longrightarrow H_2WO_4+Na_2SO_4$$

**4. 含氮量计算**　血清总氮量减去非蛋白质氮量即为蛋白质含氮量。根据蛋白质含氮量为16%，即可将氮量换算为蛋白质的量。

## 【操　　作】

**1. 制备无蛋白质血滤液**　用移液管吸取血清0.50 mL，置于硬质试管中。加蒸馏水4.00 mL混合，再加10% $Na_2WO_4$溶液0.25 mL，混匀，然后加入1/3 mol/L $H_2SO_4$溶液0.25 mL。随加随摇，静置5 min后过滤，滤液必须无色透明，否则需重过滤或再制备。

**2. 稀释血清**　用移液管吸血清0.25 mL置于50 mL容量瓶中，加生理盐水至刻度，颠倒混合数次以保证充分混匀。

**3. 消化**　准确吸取稀释血清和无蛋白质滤液各1.00 mL，分别置于2支硬质试管中，加消化液0.20 mL，混匀，加入玻璃珠1粒，用木夹夹住试管，于酒精灯上先均匀加热，然后把试管竖直，于管底部加热煮沸后，消化5～8 min（注意调节试管与火焰之间的距离，以试管内液体保持沸腾，而又必须防止液体外溅，否则影响测定结果的准确性）。管内液体由无色逐渐转变为黑色，此时有白烟充满试管，继续消化，待管内液体由黑色变为棕色再转变为无色透明，即可移开试管或熄灭灯火。在室温冷却后显色。

**4. 显色**　将上述第3步消化后的2支试管分别标明“测定（u）”及“NPN”（其中各有消化后溶液约0.1 mL），并另取洁净干试管2支，分别标明“标准（S）”及“空白（B）”，按表9-6操作。

**表9-6　微量凯氏定氮法测定蛋白质含量**

| | 测定（u） | NPN | 标准（S） | 空白（B） |
|---|---|---|---|---|
| 0.04 mg/mL $(NH_4)_2SO_4$标准溶液（mL） | — | — | 1.00 | — |
| 消化液（mL） | — | — | 0.20 | 0.20 |
| 蒸馏水（mL） | 6.90 | 6.90 | 5.80 | 6.80 |
| 纳氏试剂（mL） | 3.00 | 3.00 | 3.00 | 3.00 |

注：充分混合后比色。显色液必须清晰透明，不应混浊

**5. 比色**　用空白管调零，在440 nm波长处比色，分别记录各管吸光度值。

## 【计　　算】

根据比色法原理及公式计算血清NPN含量（mg/100mL）及血清蛋白质含量（g/100mL）。

## 【实验材料】

**1. 器材**　硬质试管、移液管、酒精灯、木夹、容量瓶、玻璃珠、漏斗、滤纸、722型分光光度计等。

**2. 试剂**

（1）消化液：以50% $H_2SO_4$配制0.3%亚硒酸溶液。

（2）纳氏试剂：溶解 KI 30 g 于 20 mL 蒸馏水内，再加入 $I_2$ 22.5 g 振摇使其溶解。于此碘液内加入纯 Hg 30 g，用力振摇，待温度升高时，将烧瓶浸于冷水内，并继续摇匀，直至暗棕碘色转变为淡黄绿色为止。将上层溶液倾出，置于量筒内，用蒸馏水少许洗涤烧瓶，将洗涤液一并倾入。吸取此溶液 1～2 滴，加入 1 mL 1%可溶性淀粉溶液内，以试验有无多余的碘存在，如不显蓝色（即无多余碘存在），可加入碘液（由 KI 3 g，$I_2$ 2.5 g 溶于蒸馏水 10 mL 内配成）数滴于配成溶液内，直至此液加入淀粉溶液内初显蓝色为止；将此溶液以蒸馏水稀释至 200 mL，加 10% NaOH 溶液 975 mL，混合，即成纳氏试剂。试剂新配成呈现混浊，静置数日，待其沉淀，再吸上层清晰液供用。

纳氏试剂碱度的标定：取 100 mL 三角烧瓶 2 个，加入 1 mol/L HCl 20.0 mL，以酚酞作指示剂，用新配制的纳氏试剂滴定，需此试剂 11.0～11.5 mL 恰可使酚酞指示剂变成红色时最为适宜。否则必须纠正其酸碱度。

（3）$(NH_4)_2SO_4$ 标准储存液（1 mg/mL）：取分析纯（$NH_4)_2SO_4$ 若干置 110 ℃干燥 30 min，取出放入干燥器内冷至室温后，准确称取 $(NH_4)_2SO_4$ 0.4716 g，置 100 mL 容量瓶内加水约 20.0 mL，使其溶解后，再加入浓 HCl 0.1 mL，加水稀释至 100 mL。

（4）0.04 mg /mL $(NH_4)_2SO_4$ 标准应用液：用移液管吸取 $(NH_4)_2SO_4$ 标准储存液 4.0 mL，置于 100 mL 容量瓶内加浓 HCl 0.1 mL，加水稀释至 100 mL。

（5）1/3 mol/L $H_2SO_4$ 溶液。

（6）10% $Na_2WO_4$ 溶液。

## 【思 考 题】

**1.** 为什么可应用凯氏定氮法来测定血清蛋白质含量?

**2.** 除 $H_2WO_4$ 可使蛋白质沉淀外，还有什么试剂可使蛋白质沉淀?沉淀的蛋白质都是变性的蛋白质吗?

**3.** 稀释血清及无蛋白质滤液消化显色后所测得的含氮量有何不同?它们分别来自什么物质?

（李长福）

# 实验六 血清蛋白质醋酸纤维素薄膜电泳

## 【目 的】

**1.** 掌握电泳的基本原理，加深对蛋白质两性解离性质的理解。

**2.** 掌握醋酸纤维素薄膜电泳法分离血清蛋白质的基本操作。

## 【原 理】

带电粒子在电场中移动的现象称为电泳。电泳技术被广泛用于蛋白质、核酸和氨基酸等物质的分离和鉴定，电泳过程中带电粒子的移动速度与粒子荷电量、电场强度、粒子重量和半径及介质的黏度等有关。其中粒子荷电量又受周围介质的 pH 和离子强度的影响，电场强度则取决于电泳时所加的电压。为了克服溶液对流现象对电泳离子的影响，一般在电泳体系中加入不流动的固相支持物。根据支持物的种类及操作方式的不同，可将电泳分为许多种类，如滤纸电泳、醋酸纤维素薄膜电泳、琼脂糖凝胶电泳、淀粉颗粒或聚丙烯酰胺凝胶电泳等。

本实验系以醋酸纤维素薄膜为固相支持物，用于分离血清蛋白质，由于清蛋白及几种球蛋白的有关特性不同（表 9-7），可被分为清蛋白及 $\alpha_1$-球蛋白、$\alpha_2$-球蛋白、β-球蛋白、γ-球蛋白等部分。

醋酸纤维素薄膜电泳分离的正常人血清蛋白质的等电点、分子量及其占总蛋白百分比见表 9-7。

**表 9-7 血清蛋白质的特性**

| 血清蛋白质 | 等电点 | 分子量 | 占总蛋白的百分比（%） |
|---|---|---|---|
| 清蛋白 | 4.64 | 69 000 | 57～72 |
| $\alpha_1$-球蛋白 | 5.06 | 200 000 | 2～5 |
| $\alpha_2$-球蛋白 | 5.06 | 300 000 | 4～9 |
| β-球蛋白 | 5.12 | 90 000～150 000 | 6.5～12 |
| γ-球蛋白 | 6.85～7.3 | 156 000～950 000 | 12～20 |

## 【操 作】

**1. 准备与点样** 取 2 条 2.5 cm×8 cm 的醋酸纤维素薄膜（以下简称膜条）。

（1）将膜条无光泽面向下，放入培养皿中的巴比妥缓冲液中使膜条充分浸透。

（2）将充分浸透的膜条取出，用干净滤纸吸去多余的缓冲液，以膜条的无光泽面距一端 1.5 cm 处作为点样线。

（3）用点样器在盛有血清的表面皿中蘸一下，点样器下端沾上薄层血清，然后将点样器竖直，使其沾有血清的顶端紧贴在膜条点样线上，待血清全部渗入膜内后，移开点样器。

**2. 电泳** 将点样后的膜条置于电泳槽架上，放置时膜条无光泽面（即点样面）向下，点样端置于阴极，槽架上以 4 层滤纸作桥垫，膜条与滤纸需贴紧，待平衡 5 min 后，即可通电。调节电泳仪，使两极间距（指膜条与滤纸桥总长度）的电压为 15 V/cm，电流为 0.4～0.6 mA/cm，通电 50 min 左右关闭电源。

**3. 染色** 通电完毕后，用镊子将膜条取出，直接浸于盛有氨基黑 10B 的染色液中，染 2 min 取出，立即浸于漂洗液中，分别在漂洗液Ⅰ、Ⅱ、Ⅲ中各漂洗 5 min，直至背景漂净为止，用滤纸吸干。

**4. 定量** 取试管 6 支编号 1～6，第一管加 0.4 mol/L NaOH 6.0 mL，其余各管各加 0.4 mol/L NaOH 3.0 mL。将染色后的膜条按各条蛋白质色带剪开，清蛋白部分放入第一管中，其余各部分依次放入其余 4 管中，另外一管放入一小块电泳谱上 γ-球蛋白后面的无蛋白质区带的膜条，其大小约与 $\alpha_1$-球蛋白区带相当，作为空白管。连续振摇数次，待染料全部脱下后，充分混合。将溶液倾入小比色皿，用分光光度计在波长 650 nm 处进行比色，以空白管作为对照，读取各管的吸光度（色泽在 12 h 内无变化的吸光度）。

## 【计 算】

吸光度总和 $T=2A+\alpha_1+\alpha_2+\beta+\gamma$（$A$ 为清蛋白吸光度）

**1.** 计算出各部分蛋白质占总蛋白质的百分数。

**2.** 计算出清蛋白与球蛋白之比值（$A/G$），$G=\alpha_1+\alpha_2+\beta+\gamma$。

## 【实验材料】

**1. 器材** 电泳仪：包括直流电源整流器和电泳槽 2 个部分，电泳槽内装有 2 个电极（用铂金丝制成）。

**2. 试剂**

（1）巴比妥缓冲液（pH 8.6，离子强度 0.06）：称取巴比妥钠 12.7 kg 和巴比妥 1.66 g，置于三角烧瓶中，加蒸馏水约 600 mL，加热溶解，冷却后用蒸馏水定容至 1000 mL，置 4 ℃保存备用。

（2）氨基黑 10B 染色液：取氨基黑 10B 0.5 g 溶于甲醇 50 mL、冰醋酸 10 mL 及蒸馏水 40 mL 的混合溶液中。

（3）漂洗液：取 95%乙醇溶液 45 mL、冰醋酸 5 mL、蒸馏水 50 mL，混匀置具塞试剂瓶中保存。

（4）新鲜血清。

（5）0.4 mol/L NaOH 溶液。

## 【附 录】

**1.** 醋酸纤维素薄膜电泳分析血清蛋白质的正常值结果不同于纸上电泳，主要是清蛋白偏高，而 $\alpha_1$-球蛋白、$\alpha_2$-球蛋白和 β-球蛋白、γ-球蛋白都偏低，本实验原理中所列各种蛋白质占总蛋白质百分比的正常值仅供参考。

**2.** 血清蛋白质电泳的结果有一定的临床意义。例如，肝硬化时清蛋白显著降低，γ-球蛋白升高 2～3 倍；肾病综合征时，清蛋白降低，$\alpha_2$-球蛋白和 β-球蛋白升高。

**3.** 临床上还可用 $A/G$ 来表示清蛋白与球蛋白的量的关系，正常人 $A/G$=1.5～2.5。

## 【思 考 题】

**1.** 根据实验原理中所列几种血清蛋白质的等电点，推测它们在 pH 8.6 的巴比妥缓冲液中带什么电荷。预测它们泳动的先后顺序（暂不考虑分子量大小）。

**2.** 在本实验电泳过程中，正负电极各发生什么反应?电极附近的缓冲液有什么变化?

**3.** 醋酸纤维素薄膜作为电泳支持物的优点是什么？

（李长福）

# 实验七 变性聚丙烯酰胺凝胶电泳（SDS-PAGE，Tris-甘氨酸缓冲系）分离血清蛋白质

## 【目 的】

**1.** 掌握电泳基本原理。

**2.** 熟悉聚丙烯酰胺凝胶电泳分离蛋白质的基本原理及操作。

**3.** 了解聚丙烯酰胺凝胶电泳分离蛋白质的优点。

## 【原　　理】

聚丙烯酰胺凝胶是一种人工合成的凝胶，它是由 Acr 和交联剂 Bis 在催化剂作用下，聚合交联而成的含有酰胺基侧链的脂肪族大分子化合物。聚合反应常用的催化剂有过硫酸铵及核黄素。为了加速聚合，在合成凝胶时还会加入 TEMED 作为加速剂。聚丙烯酰胺凝胶具有网状立体结构，且可通过控制 Acr 的浓度或 Acr 与 Bis 的比例合成不同孔径的凝胶，以适用于分子大小不同物质的分离，还可以结合解离剂 SDS 以测定蛋白质亚基分子量。

根据凝胶各部分缓冲液的种类及 pH、孔径大小是否相同等，可分为连续系统和不连续系统聚丙烯酰胺凝胶电泳。在连续系统中，各部分均相同，在不连续系统则各部分不相同。不连续系统的优点在于对样品的浓缩效应好，能在样品分离前就将样品浓缩成极薄的区带，从而提高分辨率。若样品浓度大，成分简单时，用连续系统也可得到满意的分离效果。不连续系统的聚丙烯酰胺凝胶电泳具有较高的分辨率，主要是其具有浓缩效应、电荷效应和分子筛效应。

**1. 浓缩效应**　凝胶由 2 种不同的凝胶层组成，上层为浓缩胶，下层为分离胶。浓缩胶为大孔胶，缓冲液 pH 6.8；分离胶为小孔胶，缓冲液 pH 8.8。在上下电泳槽内充以 Tris-甘氨酸缓冲液（pH 8.3），这样便形成了凝胶孔径和缓冲液 pH 的不连续性。在浓缩胶中 HCl 几乎全部解离为 $Cl^-$，但只有极少部分甘氨酸解离为 $H_2NCH_2COO^-$。蛋白质的等电点一般在 pH 5 左右，在 pH 8.3 的 Tris-甘氨酸缓冲液中，其解离度介于 HCl 和甘氨酸之间。当电泳系统通电后，这 3 种离子同向阳极移动。其有效泳动率依次为 $Cl^-$＞蛋白质＞$H_2NCH_2COO^-$，故 $Cl^-$ 称为快离子，而 $H_2NCH_2COO^-$ 称为慢离子。电泳开始后，快离子在前，在它后面形成离子浓度低的区域即低电导区。电导与电压梯度成反比，所以低电导区有较高的电压梯度。这种高电压梯度使蛋白质和慢离子在快离子后面加速移动。在快离子和慢离子之间形成稳定而不断向阳极移动的界面。由于蛋白质的有效移动率恰好介于快慢离子之间，因此蛋白质离子就集聚在快慢离子之间被浓缩成一条狭窄带。这种浓缩效应可使蛋白质浓缩数百倍。

**2. 电荷效应**　样品进入分离胶后，甘氨酸全部解离为负离子，电泳迁移率加快，很快超过蛋白质，高电压梯度随即消失。此时蛋白质在相同的外加电场下迁移，但由于蛋白质分子所带的有效电荷不同，使得各种蛋白质的电泳迁移率不同而形成许多区带。但在 SDS-PAGE 中，由于 SDS 这种阴离子表面活性剂以一定比例和蛋白质结合成复合物，使蛋白质分子带负电荷，这种负电荷远远超过了蛋白质分子原有的电荷差别，从而降低或消除了蛋白质天然电荷的差别；此外，由多亚基组成的蛋白质和 SDS 结合后都解离成亚单位，这是因为 SDS 破坏了蛋白质氢键、疏水键等非共价键。与 SDS 结合的蛋白质的构型也发生变化，在水溶液中 SDS-蛋白质复合物都具有相似的形状，使得 SDS-PAGE 的电泳迁移率不再受蛋白质原有电荷与形状的影响。因此，各种 SDS-蛋白质复合物在电泳中不同的电泳迁移率只反映了蛋白质分子量的不同。

**3. 分子筛效应**　各种蛋白质分子由于分子大小和构象不同，通过一定孔径的分离胶时所受的摩擦力不同，表现出不同的电泳迁移率而被分开。即使蛋白质所带的净电荷相似，也会由于分子筛效应被分开。

Acr 与 Bis 的浓度和交联度可以决定凝胶的透明度、黏度、弹性、机械强度和孔径大小。通常用 *T* 表示 2 种单体的总百分浓度，即 100 mL 溶液中 2 种单体的克数：*C* 表示交联剂（Bis）重量占总单体重量的百分数。不同浓度单体对凝胶性质有影响：当 Acr＜2%或 Bis＜0.5%时，单体不能凝胶化；凝胶浓度过高，胶硬而脆且不透明；凝胶浓度低，胶软且有弹性。在 5%～20%的范围内，*T* 和 *C* 的数值可按下式选择：$C=6.5-0.3T$。

聚丙烯酰胺凝胶很少有带离子的侧基，电渗作用小，对热稳定，机械强度大，富有弹性，所以是区带电泳的良好介质。利用 SDS-PAGE 测分子量，结果准确、重复性好。

本实验采用 SDS-PAGE 对血清蛋白进行分离，以考马斯亮蓝 R-250 染色，经脱色后，观察其组成和相对含量（血清蛋白通过 SDS-PAGE 一般可分出 12～16 条区带）。

## 【操　作】

**1. 安装装置**　安装垂直板电泳装置，用蒸馏水测试是否漏液。

**2. 制备 SDS-PAGE**

（1）配制 7.5%分离胶

| | |
|---|---|
| 30% Acr 储存液 | 2.5 mL |
| 双蒸水 | 4.8 mL |
| 分离胶缓冲液（pH 8.8） | 2.5 mL |
| 10% SDS | 0.1 mL |
| 10%过硫酸铵 | 0.1 mL |

混匀后加入 4 μL TEMED，立即混匀，灌入安装好的垂直板中，至距离槽沿 3 cm 处，立即在胶面上加盖一层双蒸水，静置，待凝胶聚合后（约 20 min），去除水相，然后用吸水纸吸干残余的液体。

（2）配制 5%浓缩胶

| | |
|---|---|
| 30% Acr 储存液 | 0.66 mL |
| 双蒸水 | 2.80 mL |
| 浓缩胶缓冲液（pH 6.8） | 0.50 mL |
| 10% SDS | 0.04 mL |
| 10%过硫酸铵 | 0.04 mL |

混匀后加入 4 μL TEMED，立即混匀，灌入垂直板中至玻璃板顶部 0.5 cm 处，插入加样梳，避免混入气泡，静置，待胶聚合后，加入电泳缓冲液，拔去加样梳。

**3. 样品预处理**　取 20 μL 样品加入等体积 2×上样缓冲液，置 100 ℃水中煮 5 min。

**4. 上样**　每孔加入 20 μL 样品。

**5. 电泳**　接通电源，将电流调至最大，电压调至 80 V。当溴酚蓝进入分离胶后，把电压提高到 120 V，电泳至溴酚蓝距离胶底部 1 cm 处，停止电泳。

**6. 固定**　取下凝胶，置于固定液中，轻轻振摇 10 min，倒去固定液。

**7. 染色与脱色**　倒入 50～60 ℃预温的染色液浸没凝胶，染色约 40 min。回收染色液，用清水冲洗掉凝胶上多余的染色液。倒入脱色液，轻摇 2 h 左右，其间换脱色液 2～3 次。

## 【实验材料】

**1. 器材**

（1）仪器：电泳仪、垂直板电泳槽、凝胶摄像系统、电炉、平皿、脱色摇床、微量加样器、可调式取液器、滴管、50 mL 烧杯、吸量管等。

（2）耗材：血清、盐析上清液、中分子量标准蛋白质、滤纸条等。

**2. 试剂**

（1）30% Acr 储存液（Acr∶Bis=29∶1）

（2）10% SDS

| | |
|---|---|
| SDS | 1 g |
| 加蒸馏水至 | 10 mL |

（3）10%过硫酸铵

| | |
|---|---|
| 过硫酸铵 | 1 g |
| 加蒸馏水至 | 10 mL |

（4）TEMED。

（5）2%溴酚蓝。

（6）分离胶缓冲液（1.5 mol/L Tris-Cl 缓冲液，pH 8.8）

| | |
|---|---|
| Tris | 18.17 g |
| 蒸馏水约 | 80 mL |
| 用 1 mol/L HCl 调 pH 至 8.8 | |
| 蒸馏水定容至 | 100 mL |

（7）浓缩胶缓冲液（1 mol/L Tris-C1 缓冲液，pH 6.8）

| | |
|---|---|
| Tris | 12.1 g |
| 蒸馏水约 | 80 mL |
| 用 1 mol/L HCl 调 pH 至 6.8 | |
| 蒸馏水定容至 | 100 mL |

（8）2×上样缓冲液

| | |
|---|---|
| 甘油 | 2 mL |
| 10% SDS | 4 mL |
| 1 mol/L Tris-C1 缓冲液（pH 6.8） | 1 mL |
| 2%溴酚蓝 | 2 mL |
| 1 mg/mL DTT | 2 mL |

混匀，分装 Ep 管，4 ℃冰箱保存。

（9）电泳缓冲液（10×）

| | |
|---|---|
| 甘氨酸 | 141.1 g |
| Tris | 30 g |
| SDS | 10 g |
| 蒸馏水定容至 | 1000 mL |
| 调 pH 至 8.3 | |

（10）固定液

| | |
|---|---|
| 乙醇 | 250 mL |
| 冰醋酸 | 50 mL |
| 蒸馏水定容至 | 500 mL |

（11）染色液

| | |
|---|---|
| 考马斯亮蓝 R-250 | 250 mg |
| 甲醇 | 45 mL |
| 冰醋酸 | 10 mL |
| 蒸馏水 | 45 mL |

（12）脱色液

| | |
|---|---|
| 冰醋酸 | 80 mL |
| 乙醇 | 250 mL |
| 加蒸馏水至 | 1000 mL |

## 【注意事项】

**1.** Acr 有神经毒性，可经皮肤和呼吸道等吸收，故操作时要注意防护。

**2.** 蛋白质上样量要合适，一般为 5～50 μg。

**3.** 过硫酸铵溶液尽量新鲜配制，可置冰箱–20 ℃冻存。

## 【思　考　题】

**1.** 该实验中是如何去除蛋白质间电荷效应的？

**2.** 使 SDS-PAGE 具有高分辨率的因素是什么？

（陈佳瑜）

# 实验八　血清γ-球蛋白的提纯

## 【目　　的】

学习综合利用盐析、凝胶层析、透析等多种实验技术对蛋白质进行分离纯化的方法。

## 【原　　理】

应用相同浓度（$(NH_4)_2SO_4$）反复盐析法将血清中 γ-球蛋白与 α-球蛋白、β-球蛋白分离，最后用透析法或凝胶过滤法除盐，即可得比较纯的 γ-球蛋白。

用饱和（$(NH_4)_2SO_4$）溶液对血清样品进行盐析，存在一个经验数据，即 25%～75%饱和度的（$(NH_4)_2SO_4$）可以使血清中的 γ-球蛋白（如在抗体制备中应用）盐析出来。对于不同物种的动物血清，会有相应的条件优化。

## 【操　　作】

**1. 盐析**（salting out）　取离心管 1 支加入血清 2 mL、加入等量磷酸盐缓冲生理盐水（PBS）稀释血清，摇匀后，逐滴加入 pH 7.2 饱和（$(NH_4)_2SO_4$）溶液 2 mL，边加边摇。摇匀后立即配平，离心机内静置 10 min，再离心（2000 r/min）10 min，将上清液弃去。

离心管底部的沉淀用 1 mL PBS 搅拌溶解，再逐滴加饱和 $(NH_4)_2SO_4$ 溶液 0.5 mL[相当于 33%饱和度 $(NH_4)_2SO_4$]，摇匀后再放置 10 min 离心，（2000 r/min）10 min，弃上清液（主要含 α-球蛋白、β-球蛋白），其沉淀即为初步纯化的 γ-球蛋白。如要得更纯的 γ-球蛋白，可重复这步盐析过程 1～2 次。最后用大约 2 mL（离心管刻度）PBS 充分溶解沉淀备用。

**2. 层析脱盐**（desalting by chromatography）　将葡聚糖凝胶 G-25 用玻璃棒轻轻搅拌使其混悬，倾入有尼龙布堵住下口的 20 cm×1 cm 层析柱，层析柱下口套一小段橡皮管。待全部凝胶都灌入柱内（注意凝胶要装填均匀；若分多次加入凝胶，应在装柱前将柱内凝胶顶部搅动悬起，再将凝胶液倾入），且液面接近层析柱口时，用螺旋夹将橡皮管夹紧。待凝胶柱沉降压紧后小心放松螺旋夹，使液体慢慢流出，液面刚好没入凝胶面时，将螺旋夹扭紧，装柱工作即告完成（凝胶为 2/3～3/4 柱长），可供脱盐使用。

用滴管吸出约一半盐析终产物溶液，将滴管插入凝胶层析柱内，管口靠近凝胶面缓慢滴入全部蛋白质液，然后小心拧开螺旋夹，使液体流速控制在每分钟 20 滴左右。待全部蛋白质液中大部分流入凝胶柱后，再小心加入 PBS 10 mL。

准备 10 支干净试管用于收集凝胶洗脱液，每收集 20 滴换 1 支试管，直到全部试管都收集洗脱液后，将螺旋夹拧紧，各管留供后面试验。

准备干净的瓷比色盘 2 块，于每块比色盘凹池内分别加入纳氏试剂和双缩脲试剂各 1 滴，然后在纳氏试剂比色盘的各凹池内依次加入各管收集液 1 滴，检查有无 $NH_4^+$。在有 $NH_4^+$存在时孔呈黄色到橙色，记录各孔颜色变化，以–表示阴性不呈色或以+、++、+++表示阳性和呈色深浅变化。在另一块有双缩脲试剂的瓷比色盘各凹池内依次加入各管收集液 1 滴，也用上述符号记录各管双缩脲反应的呈色（紫红色或紫蓝色）深浅。

**3. 透析脱盐**（desalting by dialysis）　取玻璃纸（15 cm×15 cm）一张，折成袋形，将剩余的另一半盐析终产物溶液倾入袋内，用线绳扎紧上口（注意要留有空隙），用玻璃棒悬在盛有半杯蒸馏水的 100 mL 烧杯内，使透析袋下半部浸入水中，对蛋白质液进行透析。用玻璃棒不时搅拌袋外（烧杯中）液体，以缩短透析时间。更换蒸馏水多次，直至袋内盐分透析完毕，用纳氏试剂检查袋外液体的 $NH_4^+$（方法同上述），观察透析法除盐的效果。这种方法亦可用于其他蛋白质（如 γ-球蛋白）的脱盐。

本实验透析袋放入盛水的烧杯后，立即取袋外液体检查有无 $NH_4^+$，然后每隔 1 min 检查一次，共 3 次，比较 $NH_4^+$透出的情况，然后换水一次，继续透析约 10 min 后（即葡聚糖凝胶 G-25 脱盐完毕），再检查一次袋外液体 $NH_4^+$情况并记录结果。最后向烧杯内滴加 20%磺柳酸（磺基水杨酸）1～2 滴，观察有无沉淀产生，记录结果。

## 【实验材料】

**1. 器材**　20 cm×1 cm 层析柱、离心机、瓷比色盘、玻璃纸、试管、玻璃棒、滴管等。

**2. 试剂**

（1）PBS：用 0.01 mol/L 磷酸盐缓冲液（pH 7.2）配制的 0.9% NaCl 溶液。

（2）pH 7.2 饱和 $(NH_4)_2SO_4$ 溶液：用浓氨水将饱和 $(NH_4)_2SO_4$ 溶液调到 pH 7.2。

（3）葡聚糖凝胶 G-25。

（4）纳氏试剂：配制方法同实验五。

（5）双缩脲试剂：称取 $CuSO_4 \cdot 5H_2O$ 0.39 g，放于小烧杯中，加蒸馏水约 50 mL，用玻璃棒仔细搅拌使溶解，将此溶液在玻璃棒的协助下转移到量筒中，再称取酒石酸钠钾 1.2 g 放于小烧杯中，加蒸馏水约 50 mL，仔细搅拌使溶解，亦将此溶液转移到上述量筒中。然后慢慢地添加（边加边摇）2.5 mol/L NaOH 溶液 60 mL，混匀，再加 KI 0.2 g，并用蒸馏水稀释到 200 mL。双缩脲试剂中，NaOH 可保持溶液碱性，酒石酸钠钾可与 $Cu(OH)_2$ 生成可溶性络合物，防止铜沉淀，KI 可促进反应加速，原理尚不明。

（6）20%磺柳酸（磺基水杨酸）。

（7）兔血清。

## 【思 考 题】

**1.** 为何 $(NH_4)_2SO_4$ 能沉淀蛋白质？第一次盐析时 $(NH_4)_2SO_4$ 的饱和度是多少？沉淀的是何种蛋白质？使沉淀溶解再次盐析的目的是什么？

**2.** 根据凝胶过滤原理解释葡聚糖凝胶 G-25 脱盐的实验结果。

**3.** 用 $(NH_4)_2SO_4$ 分段沉淀蛋白质时，透析袋外液体会出现蛋白质吗？你能否做一个小实验加以证实，并说明实验原理。

（陈佳瑜）

# 第十章 酶和维生素

## 实验九 碱性磷酸酶的提取及比活性测定

### 【目 的】

**1.** 熟悉从生物样品中提取与纯化酶的一般方法。

**2.** 掌握碱性磷酸酶比活性的测定原理和方法。

**3.** 了解测定酶比活性的意义。

### 【原 理】

本实验采取有机溶剂沉淀法从兔肝匀浆液中提取分离碱性磷酸酶（AKP）。正丁醇能使部分杂蛋白变性，过滤除去杂蛋白即为含有碱性磷酸酶的滤液，碱性磷酸酶能溶于终浓度为33%的丙酮或30%的乙醇中，而不溶于终浓度为50%的丙酮或60%的乙醇中，通过离心即可得到初步纯化的碱性磷酸酶。

根据国际酶学委员会规定，酶的比活性（specific activity）用每毫克蛋白质具有的酶活性单位（U/mg·pr）来表示。因此，测定样品的比活性必须测定：①每毫升样品中的蛋白质毫克数（mg/mL）；②每毫升样品中的酶活性单位数（U/mL）。对于同一种酶来说，酶的纯度越高酶的比活性也就越高。

本实验以磷酸苯二钠为底物，在碱性磷酸酶的催化下，水解生成游离酚和磷酸盐。酚在碱性条件下与4-氨基安替比林作用，经铁氰化钾氧化，生成红色的醌衍生物（图10-1），颜色深浅和酚的含量成正比。于510 nm处比色，即可求出反应过程中产生的酚含量，而碱性磷酸酶的活性单位（King-Armstrong法）可定义为在37 ℃保温15 min每产生1 mg的酚为1个酶活性单位。最后，用Folin-酚试剂法测定样品中蛋白质含量，即可计算获得样品中碱性磷酸酶的比活性。

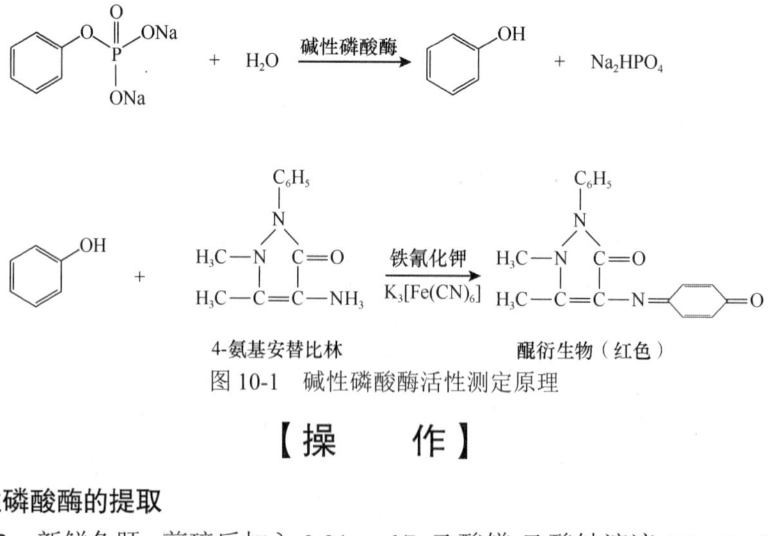

$$C_6H_5\text{-}O\text{-}P(=O)(ONa)_2 + H_2O \xrightarrow{\text{碱性磷酸酶}} C_6H_5\text{-}OH + Na_2HPO_4$$

$$C_6H_5\text{-}OH + \text{4-氨基安替比林} \xrightarrow[K_3[Fe(CN)_6]]{\text{铁氰化钾}} \text{醌衍生物（红色）}$$

4-氨基安替比林　　醌衍生物（红色）

图10-1 碱性磷酸酶活性测定原理

### 【操 作】

**1. 碱性磷酸酶的提取**

（1）取2 g新鲜兔肝，剪碎后加入0.01 mol/L乙酸镁-乙酸钠溶液6.0 mL，研磨成匀浆。

将匀浆倒入刻度离心管中，记录其体积，此为A液。吸取A液0.1 mL于另一试管中，加pH 8.8的0.01 mol/L Tris-乙酸镁缓冲液4.9 mL稀释，此为稀释A液（1∶50），供测量比活性时使用。

（2）在A液中加入正丁醇2.0 mL，用玻璃棒充分搅拌2 min，室温放置20 min，用滤纸过滤，滤液置于刻度离心管中，加入等体积的冷丙酮，立即混匀后离心（2000 r/min）5 min，弃上清液，沉淀加入0.5 mol/L乙酸镁溶液4.0 mL，用玻璃棒充分搅拌使其溶解，记录其体积，此为B液。取B液0.1 mL于另一试管中，加入pH 8.8 的0.01 mol/L Tris-乙酸镁缓冲液4.9 mL，此为稀释B液（1∶50），供测量比活性时使用。

**2. 碱性磷酸酶的活性测定**

（1）碱性磷酸酶的活性测定：取试管3支，按表10-1操作：

**表 10-1　碱性磷酸酶的活性测定**

| 试剂 | 测定管（mL） | 标准管（mL） | 空白管（mL） |
|---|---|---|---|
| pH 8.8 的 0.01 mol/L Tris-乙酸镁缓冲液 | — | — | 1.0 |
| 0.04 mol/L 底物液 | 1.0 | 1.0 | 1.0 |
| | 37 ℃水浴预温 5 min | | |
| 0.1 mg/mL 酚标准溶液 | — | 1.0 | — |
| 待测酶液（稀释A液及稀释B液） | 1.0 | — | — |
| | 37 ℃保温 15 min | | |
| 0.5 mol/L NaOH | 1.0 | 1.0 | 1.0 |
| 0.3% 4-氨基安替比林 | 1.0 | 1.0 | 1.0 |
| 0.5%铁氰化钾 | 2.0 | 2.0 | 2.0 |

将各管试剂混匀，室温放置10 min后，510 nm处测吸光度。

（2）蛋白质含量测定（如采用稀释A液，则还需要再用pH 8.8的0.01 mol/L Tris-乙酸镁缓冲液稀释l0倍，此时共稀释500倍）：取3支试管，按表10-2操作：

**表 10-2　蛋白质含量测定**

| 试剂 | 测定管（mL） | 标准管（mL） | 空白管（mL） |
|---|---|---|---|
| pH 8.8 的 0.01 mol/L Tris-乙酸镁缓冲液 | — | — | 1.0 |
| 待测酶液（稀释A液及稀释B液） | 1.0 | — | — |
| 0.1mg/mL 蛋白质标准溶液 | — | 1.0 | — |
| 碱性铜试剂 | 5.0 | 5.0 | 5.0 |
| | 混匀后室温放置 10 min | | |
| 酚试剂 | 0.5 | 0.5 | 0.5 |

混匀后室温放置30 min，在650 nm处比色。

## 【计　　算】

**1.** 每毫升待测酶液中碱性磷酸酶活性单位数（U/mL）=（测定管的吸光度/标准管的吸光度）×标准管的酚含量。

**2.** 待测酶液中蛋白质浓度（mg/mL）=（测定管的吸光度/标准管的吸光度）×标准管

的蛋白质浓度。

**3.** 碱性磷酸酶的比活性（U/mg·pr）=每毫升待测酶液中碱性磷酸酶的活性单位数/每毫升待测酶液中蛋白质的毫克数。

## 【实验材料】

**1. 器材** 研钵、刻度离心管、试管、刻度移液管、离心机、玻璃漏斗、玻璃棒、托盘天平、恒温水浴箱、722 型分光光度计等。

**2. 试剂**

（1）0.5 mol/L 乙酸镁溶液：称取乙酸镁 107.25 g 溶于蒸馏水中，稀释至 1000 mL。

（2）0.1 mol/L 乙酸钠溶液：称取乙酸钠 8.2 g 溶于蒸馏水中，稀释到 1000 mL。

（3）0.01 mol/L 乙酸镁-乙酸钠溶液：取 0.5 mol/L 乙酸镁溶液 20 mL 及 0.1 mol/L 乙酸钠溶液 100 mL，混合后加蒸馏水稀释到 1000 mL。

（4）pH 8.8 的 0.01 mol/L Tris-乙酸镁缓冲液：称取 Tris 12.1 g，用蒸馏水溶解并稀释至 1000 mL，即为 0.1 mol/L Tris 溶液。取 0.1 mol/L Tris 溶液 100 mL，加蒸馏水约 800 mL，再加 0.5 mol/L 乙酸镁溶液 20 mL，混匀后用 1%乙酸调 pH 至 8.8，用蒸馏水稀释至 1000 mL 即可。

（5）冷丙酮（分析纯）。

（6）95%乙醇（分析纯）。

（7）正丁醇（分析纯）。

（8）0.04 mol/L 底物液：称取磷酸苯二钠（$C_6H_5PO_4Na_2 \cdot 2H_2O$）10.16 g 或磷酸苯二钠（无结晶水）8.72 g，用煮沸冷却的蒸馏水溶解，稀释至 1000 mL。加氯仿 4 mL 盛于棕色瓶中，冰箱内保存，可用 1 周。

（9）1 mg/mL 酚标准溶液：称取重蒸酚 100 mg，用 pH 8.8 Tris 液配制成 100 mL，临用前稀释 10 倍，即为 0.1 mg/mL 酚标准液。

（10）0.5 mol/L NaOH。

（11）0.3% 4-氨基安替比林：称取 4-氨基安替比林 0.3 g，用蒸馏水溶解并稀释至 100 mL，置棕色瓶中冰箱保存。

（12）0.5%铁氰化钾：称取铁氰化钾 5 g 和硼酸 15 g，各溶于 400 mL 蒸馏水中，溶解后两液混合，再加蒸馏水至 1000 mL，置于棕色瓶中，暗处保存。

（13）0.1 mg/mL 蛋白质标准溶液：牛血清白蛋白，用生理盐水稀释至 0.1 mg/mL。

（14）碱性铜试剂。

（15）酚试剂。

## 【注意事项】

**1.** 在纯化过程中，各步加入的有机溶剂量要计算准确。

**2.** 加入有机试剂混匀后应立即离心，不宜放置过久。

**3.** 在测定酶活性时，每加入一种试剂须立即混匀，避免产生混浊。

## 【思 考 题】

**1.** 分离纯化酶的过程中要注意什么？

**2.** 测定酶比活性有什么意义？

（杨加伟）

# 实验十 酶促反应动力学实验

## 【目 的】

**1.** 学习运用双倒数作图法测定碱性磷酸酶的 $K_m$ 值。

**2.** 观察底物浓度和可逆性抑制剂对酶促反应的影响。

## 一、底物浓度对酶活性的影响——碱性磷酸酶米氏常数的测定

## 【原 理】

在温度、pH 及酶浓度恒定的条件下，底物浓度对酶的催化作用有很大的影响。在一般情况下，当底物浓度很低时，酶促反应的速度（$V$）随底物浓度（[S]）的增加而迅速增加。但当底物浓度继续增加时，反应速度的增加率比较小，当底物浓度增加到某种程度时，反应速度达到一个极限值（最大反应速度 $V_m$），如图 10-2 所示。

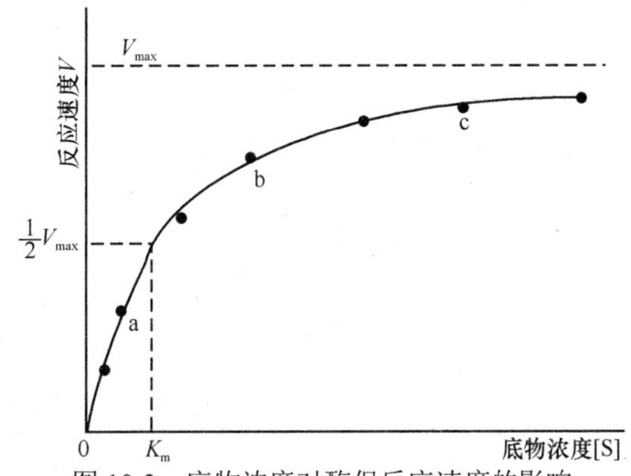

图 10-2 底物浓度对酶促反应速度的影响

底物浓度和反应速度的这种关系可以用米氏方程（Michaelis-Menten equation）表示

$$V=\frac{V_m[S]}{K_m+[S]} \quad 或 \quad K_m=\frac{(V_m-V)[S]}{V} \tag{10-1}$$

式中，$V_m$ 为最大反应速度，$K_m$ 代表米氏常数，当 $V$=1/2 $V_m$ 时，$K_m$=[S]。

所以米氏常数 $K_m$ 是反应速度（$V$）等于 1/2 最大反应速度时的底物浓度，$K_m$ 是酶的特征性常数。测定 $K_m$ 是研究酶的一种重要方法，大多数酶的 $K_m$ 值为 0.01～100 mmol/L。

但是在一般情况下，根据实验结果绘制成上述直角双曲线，却难以正确地求得 $K_m$ 和 $V_m$ 值。Lineweaver、Burk 等根据米氏方程又推出如下几种变换方程式（推导式见本实验【附注】），这些方程式为一直线（斜率）方程式，容易正确求得酶的 $K_m$ 值和 $V_m$ 值。

（1）
$$\frac{[S]}{V}=\frac{1}{V_m}[S]+\frac{K_m}{V_m} \tag{10-2}$$

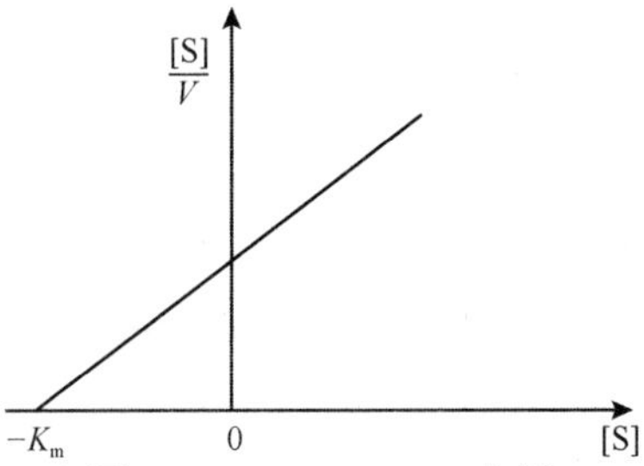

以 $\frac{[S]}{V}$ 为纵坐标，[S]为横坐标得一斜率为 $\frac{1}{V_m}$ 的直线，其横轴截距为$-K_m$，见图 10-3。

图 10-3 Hanes-Woolf 作图

（2）
$$\frac{1}{V}=\frac{K_m}{V_m}\times\frac{1}{[S]}+\frac{1}{V_m} \tag{10-3}$$

以 $\frac{1}{V}$ 为纵坐标，$\frac{1}{[S]}$ 为横坐标作图，得一斜率为 $\frac{K_m}{V_m}$

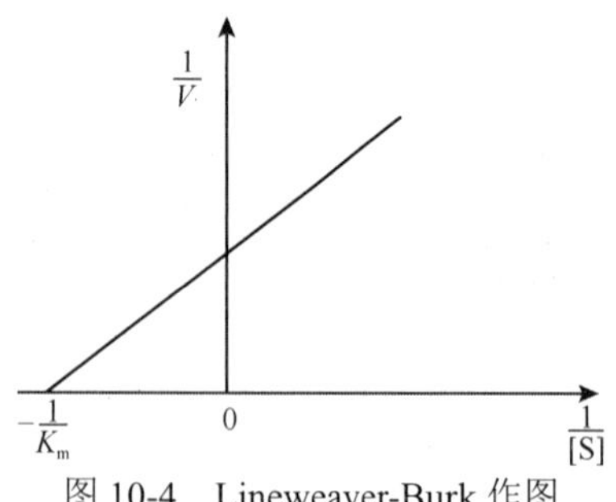

图 10-4 Lineweaver-Burk 作图

的直线，其横轴截距为 $-\frac{1}{K_m}$，见图 10-4。

（3）
$$V = -K_m \frac{V}{[S]} + V_m \quad (10\text{-}4)$$

以 $V$ 为纵坐标，$\frac{V}{[S]}$ 为横坐标作图，得一斜率为 $-K_m$ 的直线，其纵轴截距为 $V_m$，见图 10-5。

通过实验取得不同底物浓度时的反应速度，可按以上公式之一作图，即可求得 $K_m$ 值。

本实验以碱性磷酸酶为例，采用磷酸苯二钠法测定其活性。以磷酸苯二钠为底物，碱性磷酸酶为催化剂，产物为游离的酚和磷酸盐。酚在碱性溶液中与 4-氨基安替比林作用，经铁氰化钾氧化，生成红色醌衍生物（图 10-1）。根据红色深浅测出吸光度值，计算不同底物浓度时酶的活性单位及反应速度，计算 $K_m$ 值。

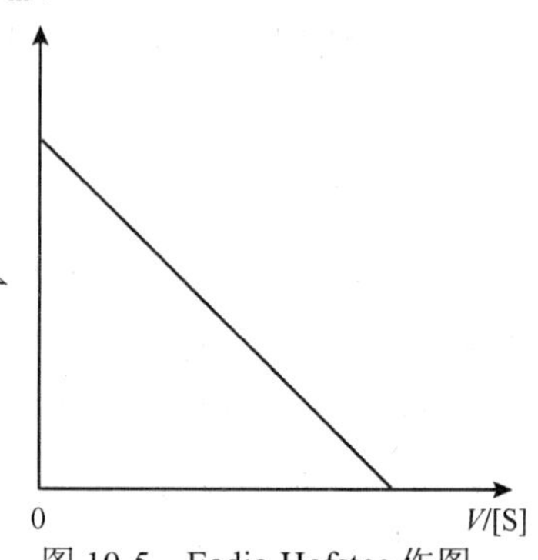

图 10-5 Eadie-Hofstee 作图

## 【操　　作】

**1.** 取干净试管 10 支，编号，按表 10-3 操作，特别注意准确吸取基质液及酶液。

**表 10-3 碱性磷酸酶米氏常数的测定**

| 管号 | 0 | 1 | 2 | 3 | 4 | 5 | 6 | 7 | 8 | 标准 |
|---|---|---|---|---|---|---|---|---|---|---|
| 0.1 mg/mL 酚标准溶液（mL） | — | — | — | — | — | — | — | — | — | 0.2 |
| 0.04 mol/L 底物液（mL） | — | 0.05 | 0.1 | 0.2 | 0.3 | 0.4 | 0.8 | 1.0 | 1.2 | — |
| pH 10.0 的 0.1 mol/L 碳酸盐缓冲液（mL） | 0.7 | 0.7 | 0.7 | 0.7 | 0.7 | 0.7 | 0.7 | 0.7 | 0.7 | 0.7 |
| 蒸馏水（mL） | 1.2 | 1.15 | 1.1 | 1.0 | 0.9 | 0.8 | 0.4 | 0.2 | — | 1.1 |
| 37 ℃水浴保温 5 min | | | | | | | | | | |
| 酶液（mL） | 0.1 | 0.1 | 0.1 | 0.1 | 0.1 | 0.1 | 0.1 | 0.1 | 0.1 | — |

加入酶液，立即计时。各管混匀后在 37 ℃水浴准确保温 15 min。标准管不必在 37 ℃水浴保温 15 min。

**2.** 保温结束，立即加入碱性溶液 1.1 mL，以终止反应。

**3.** 各管中分别加入 0.3% 4-氨基安替比林 1.0 mL 及 0.5%铁氰化钾 2.0 mL，充分混匀；放置 10 min，以 0 管调零，于波长 510 nm 处比色，读取各管的吸光度。

## 【计算及作图】

**1.** 计算出每管中底物浓度[S]。

**2.** 计算出不同底物浓度时酶的活性单位，酶的活性单位代表各管中酶的反应速度。除此以外，还可以什么表示各管中酶的反应速度?

**3.** 在表 10-4 中依次列出各管的计算结果。

表 10-4　底物浓度及反应速度表 1

| 管号 | 1 | 2 | 3 | 4 | 5 | 6 | 7 | 8 |
|---|---|---|---|---|---|---|---|---|
| 底物浓度 | | | | | | | | |
| 反应速度 | | | | | | | | |

**4.** 从原理中所列的几种变换公式中，选择一种较简便的计算出所需要的各点，在坐标纸上作图，求出 $K_m$ 值。

## 【实验材料】

**1. 器材**　722 型分光光度计、恒温水浴箱、试管等。

**2. 试剂**

（1）0.04 mol/L 底物液。

（2）0.1 mol/L 酚标准溶液。

1）称取结晶酚 1.50 g 溶于 0.1 mol/L HCl 稀释至 1000 mL，为储存液。

2）标定：取 25.0 mL 上述酚液，加 50 mL 0.1 mol/L NaOH 于具塞的烧瓶内，加热至 65 ℃再加入 0.1 mol/L 碘液 25.0 mL，加塞放置 30 min，加浓 HCl 5.0 mL，再以 0.1%淀粉为指示剂，用 0.1 mol/L 硫代硫酸钠滴定。滴定反应式如下

$$3I_2+C_6H_5OH \longrightarrow C_6H_2I_3(OH)+3HI$$

$$I_2+2Na_2S_2O_3 \longrightarrow 2NaI+Na_2S_4O_6$$

根据反应，3 分子碘（分子量为 254）与 1 分子酚（分子量为 94）起作用，因此每 0.1 mL 碘液（含碘 12.7 mg）相当于酚的量为

$$\frac{12.7\times 94}{3\times 254}=1.567\ \text{mg}$$

25 mL 碘液中被硫代硫酸钠滴定者为 $X$ 毫升，则 25 mL 酚溶液中所含酚量为

$$(25-X)\times 1.567\ \text{mg}$$

3）应用时按上述标定结果用蒸馏水稀释至 0.1 mg/mL 作为标准液。

（3）pH 10.0 的 0.1 mol/L 碳酸盐缓冲液：称取无水 $Na_2CO_3$ 6.36 g 及 $NaHCO_3$ 3.36 g 溶于蒸馏水中稀释至 1000 mL。

（4）酶液：称取纯制的碱性磷酸酶 5 mg，用 pH 8.8 的 Tris 缓冲液配制成 100 mL，冰箱中保存。

（5）碱性溶液：量取 0.5 mol/L NaOH 与 0.5 mol/L $Na_2CO_3$ 各 20 mL，混合后加蒸馏水至 100 mL。

（6）0.3% 4-氨基安替比林：称取 3 g 4-氨基安替比林，用蒸馏水溶解，并稀释至 1000 mL。置棕色瓶中，冰箱内保存。

（7）0.5%铁氰化钾。

（8）pH 8.8 的 Tris 缓冲液。

（9）0.1 mol/L 乙酸镁：21.45 g 乙酸镁，溶解于蒸馏水中，稀释至 1000 mL。

## 【思 考 题】

**1.** 米氏常数（$K_m$）有无单位？为什么？

**2.** 本实验中能否不用计算反应速度，直接以各管测得的吸光度代表各管中酶的反应速度？为什么？

**3.** 如果不用实验原理中所列的几种变换公式，是否还可以从实验结果求出 $K_m$ 值？如可以，应如何求？

## 【附 注】

米氏公式的几种变换：

（1）Hanes 法：1932 年由 Hanes 提出。

根据 $V=\dfrac{V_m[S]}{K_m+[S]}$，全式取倒数则 $\dfrac{1}{V}=\dfrac{K_m+[S]}{V_m[S]}$

即 $\dfrac{[S]}{V}=\dfrac{1}{V_m}[S]+\dfrac{K_m}{V_m}$

（2）双倒数法：1934 年由 Lineaver 及 Burk 提出。

根据 $V=\dfrac{V_m[S]}{K_m+[S]}$，取倒数则 $\dfrac{1}{V}=\dfrac{K_m+[S]}{V_m[S]}$

即 $\dfrac{1}{V}=\dfrac{K_m}{V_m}\times\dfrac{1}{[S]}+\dfrac{1}{V_m}$

（3）Weolf 法：1932 年由 Weolf 提出

根据 $V=\dfrac{V_m[S]}{K_m+[S]}$，即 $VK_m+V[S]=V_m[S]$

可得 $V[S]=-VK_m+V_m[S]$，即 $V=-K_m\dfrac{V}{[S]}+V_m$

（杨加伟）

## 二、抑制剂对酶促反应速度的影响

## 【原 理】

凡能降低酶的活性，甚至使酶完全丧失活性的物质，称为酶的抑制剂。酶的特异性抑制剂大致上分为可逆性和不可逆性两大类。

本实验主要观察可逆性抑制剂对酶促反应动力学的影响。可逆性抑制剂又可分为竞争性抑制剂和非竞争性抑制剂等。

**1. 竞争性抑制剂** 竞争性抑制剂的作用特点是使该酶的 $K_m$ 值增大，但对酶促反应最大速度，即 $V_m$ 值无影响。

按米氏方程推导，竞争性抑制剂存在时，底物浓度与酶促反应速度的动力学关系如式（10-5）所示：

$$V=\frac{V_m[S]}{K_m\left(1+\dfrac{[I]}{K_i}\right)+[S]} \tag{10-5}$$

即
$$\frac{1}{V}=\frac{K_m}{V_m}\left(1+\frac{[I]}{K_i}\right)\times\frac{1}{[S]}+\frac{1}{V_m} \quad (10\text{-}6)$$
式中，[I] 为抑制剂浓度，$K_i$ 为抑制常数，即酶-抑制剂复合物的离解常数。

如以 $\frac{1}{V}$ 对 $\frac{1}{[S]}$ 作图，可得图 10-6。

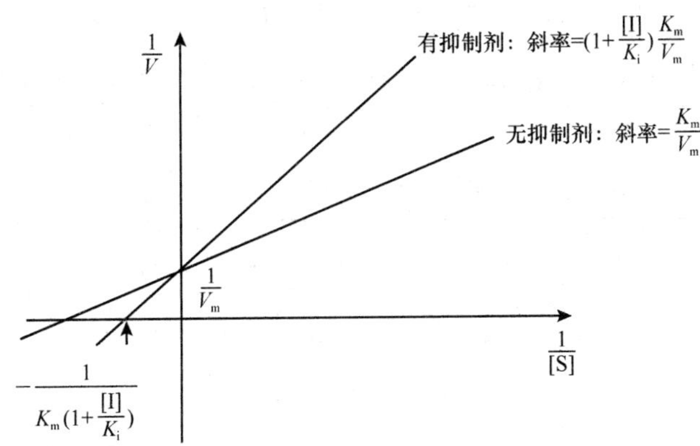


图 10-6　竞争性抑制剂对酶促反应速率的影响

由图 10-6 可见，在竞争性抑制剂存在时，直线斜率增大，但仍以相同的截距与纵坐标轴相交，故最大速度 $V_m$ 不因抑制剂的存在而改变。同时，当有竞争性抑制剂存在时，直线系以不同的截距与横坐标轴相交，即其 $K_m$ 值比无抑制剂时的 $K_m$ 值大，加大的数值相当于在横坐标轴上截距的增加数。

本实验中观察无机磷酸盐对碱性磷酸酶的竞争性抑制作用。

**2. 非竞争性抑制剂**　非竞争性抑制剂的作用特点是不影响底物与酶的结合，故其 $K_m$ 值不变，然而却能降低其最大反应速度 $V_m$。

按米氏方程推导，非竞争性抑制剂存在时，底物浓度与酶促反应速度的动力学关系如式（10-7）所示：
$$V=\frac{V_m[S]}{(K_m+[S])\left(1+\frac{[I]}{K_i}\right)} \quad (10\text{-}7)$$
即
$$\frac{1}{V}=\left(1+\frac{[I]}{K_i}\right)\times\left(\frac{K_m}{V_m}\times\frac{1}{[S]}+\frac{1}{V_m}\right) \quad (10\text{-}8)$$
如以 1/$V$ 对 1/[S] 作图，可得到图 10-7。

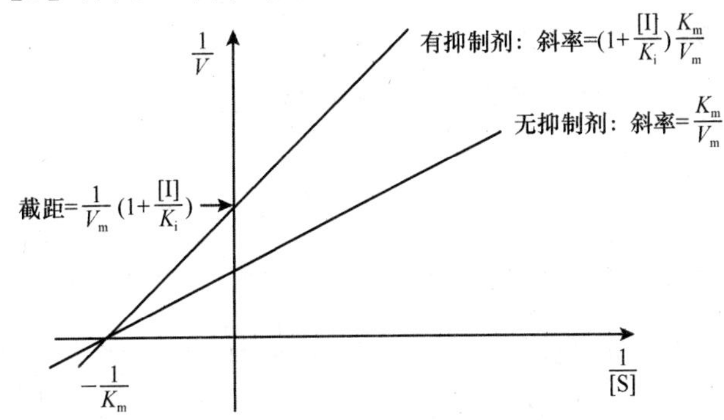


图 10-7　非竞争性抑制剂对酶促反应速率的影响

从图 10-7 中可以看出，在非竞争性抑制剂存在时，直线斜率也增大，但以相同的距离与横坐标轴相交，故 $K_m$ 值不变。同时该直线以不同的截距与纵坐标轴相交，即 $V_m$ 值变小。此时，底物浓度再多，反应速度也不能达到原来的最大速度 $V_m$。

本实验观察茶碱对碱性磷酸酶的非竞争性抑制作用。

## 【操　　作】

**1.** 取干净中试管 10 支，编号，按表 10-5 操作。特别注意准确吸取底物液、抑制剂及酶液。

**表 10-5　竞争性抑制剂对酶促反应速率的影响**

| 管号 | 0 | 1 | 2 | 3 | 4 | 5 | 6 | 7 | 8 | 标准 |
|---|---|---|---|---|---|---|---|---|---|---|
| 0.1 mg/mL 酚标准溶液（mL） | — | — | — | — | — | — | — | — | — | 0.2 |
| 0.04 mol/L 底物液（mL） | — | 0.05 | 0.1 | 0.2 | 0.3 | 0.4 | 0.8 | 1.0 | 1.2 | — |
| 0.04 mol/L 磷酸氢二钠（mL） | 0.1 | 0.1 | 0.1 | 0.1 | 0.1 | 0.1 | 0.1 | 0.1 | 0.1 | 0.1 |
| 0.1 mol/L 碳酸盐缓冲液（mL） | 0.6 | 0.6 | 0.6 | 0.6 | 0.6 | 0.6 | 0.6 | 0.6 | 0.6 | 0.6 |
| 蒸馏水（mL） | 1.2 | 1.15 | 1.1 | 1.0 | 0.9 | 0.8 | 0.4 | 0.2 | — | 1.1 |
| 37 ℃水浴保温 5 min | | | | | | | | | | |
| 酶液（mL） | 0.1 | 0.1 | 0.1 | 0.1 | 0.1 | 0.1 | 0.1 | 0.1 | 0.1 | — |

加入酶液，立即计时，混匀后在 37 ℃水浴中准确保温 15 min。标准管不必再置 37 ℃水浴保温 15 min。

**2.** 保温结束，立即加入碱性溶液 1.1 mL 以终止反应。

**3.** 各管中分别加 0.3% 4-氨基安替比林 1.0 mL 及 0.5%铁氰化钾 2.0 mL 充分混匀，室温放置 10 min，以 0 管调零，于波长 510 nm 处比色，读取各管吸光度。

若观察茶碱对碱性磷酸酶的非竞争性抑制作用，将表 10-5 中 0.04 mol/L 磷酸氢二钠改为 0.06 mol/L 茶碱，其余操作不变。

抑制剂终浓度：磷酸氢二钠 2 mmol/L，茶碱为 3 mmol/L。

## 【计算及作图】

**1.** 计算出各管中底物浓度[S]。

**2.** 计算出有抑制剂存在下各管的酶活性单位，以酶的活性单位代表各管中酶的反应速度。除此以外，是否还有别的方式表示各管中酶的反应速度?

**3.** 在表 10-6 中依次列出各管的计算结果。

**表 10-6　底物浓度及反应速度表 2**

| 管号 | 1 | 2 | 3 | 4 | 5 | 6 | 7 | 8 |
|---|---|---|---|---|---|---|---|---|
| 底物浓度 | | | | | | | | |
| 反应速度 | | | | | | | | |

**4.** 以反应速度 $1/V$ 作纵坐标，以底物浓度 1/[S]为横坐标作图，观察直线在纵坐标轴和横坐标轴上的交点位置，并计算其 $K_m$ 值，与未加抑制剂时的 $K_m$ 值比较，说明该抑制剂

属于何种类型。

## 【实验材料】

**1. 器材**　722 型分光光度计、恒温水浴箱、中试管等。

**2. 试剂**

（1）0.04 mol/L 磷酸氢二钠：称取磷酸氢二钠 14.3 g 溶解于 0.1 mol/L 碳酸盐缓冲液中，并用此液稀释至 1000 mL。

（2）0.06 mol/L 茶碱：称取茶碱 10.8 g，溶解于 0.1 mol/L pH 10 碳酸盐缓冲液中，并用此液稀释至 1000 mL。

（3）其余试剂同前实验。

## 【思　考　题】

**1.** 什么是竞争性抑制作用？与非竞争性抑制作用有何不同？

**2.** 何谓酶的激活剂、抑制剂？激活剂、抑制剂对酶促反应速度有何影响？

**3.** 实验中哪些条件必须准确一致？在实际操作中应注意哪些事项？

（杨加伟）

# 实验十一　金氏法测定血清谷丙转氨酶活性

## 【目　　的】

掌握金氏法测定血清谷丙转氨酶活性的方法。

## 【原　　理】

以丙氨酸和 $\alpha$-酮戊二酸为底物，在血清谷丙转氨酶的作用下生成丙酮酸和谷氨酸。丙酮酸能与 2，4-二硝基苯肼结合，生成丙酮酸二硝基苯腙，后者在碱性溶液中呈现棕色，可借以比色测定。

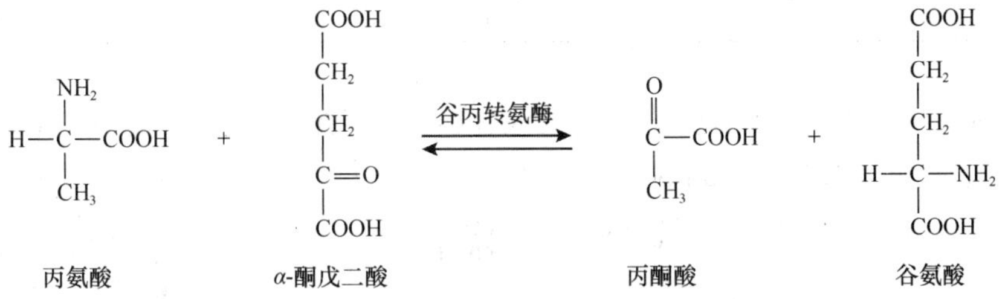

$$H-C(NH_2)(CH_3)-COOH + HOOC-CH_2-CH_2-C(=O)-COOH \xrightleftharpoons{\text{谷丙转氨酶}} CH_3-C(=O)-COOH + HOOC-CH_2-CH_2-CH(NH_2)-COOH$$

丙氨酸　　$\alpha$-酮戊二酸　　丙酮酸　　谷氨酸

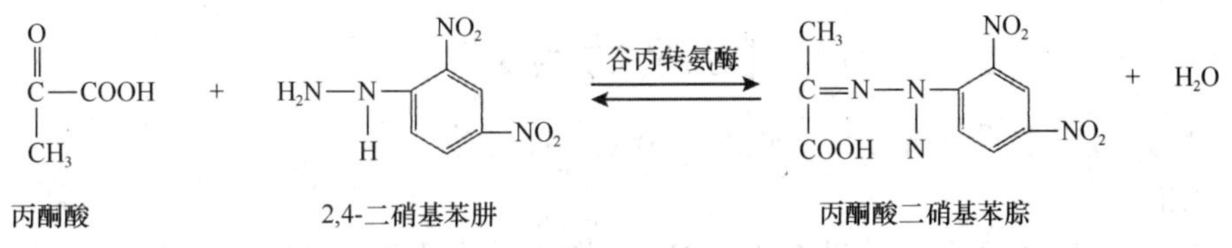

$$CH_3-C(=O)-COOH + H_2N-NH-C_6H_3(NO_2)_2 \xrightleftharpoons{\text{谷丙转氨酶}} CH_3-C(COOH)=N-N-C_6H_3(NO_2)_2 + H_2O$$

丙酮酸　　2,4-二硝基苯肼　　丙酮酸二硝基苯腙

$\alpha$-酮戊二酸虽也能与 2，4-二硝基苯肼结合成相应苯腙，但后者在碱性溶液中吸收光

谱与丙酮酸二硝基苯腙有所不同，在 520 nm 处比色时，α-酮戊二酸二硝基苯腙光吸收远较丙酮酸二硝基苯腙低。在反应后，α-酮戊二酸减少而丙酮酸增加，故在 520 nm 处吸光度增加程度与反应体系中丙酮酸和 α-酮戊二酸的分子比例呈线性关系。

## 【操　　作】

**1. 标准曲线的制备**　取试管 5 支，按表 10-7 操作。

**表 10-7　丙酮酸标准曲线的绘制**

| 管号 | 1 | 2 | 3 | 4 | 5 |
|---|---|---|---|---|---|
| 2.0 μmol/mL 丙酮酸标准溶液（mL） | 0 | 0.05 | 0.10 | 0.15 | 0.20 |
| 谷丙转氨酶底物液（mL） | 0.50 | 0.45 | 0.40 | 0.35 | 0.30 |
| 0.1 mol/L pH 7.4 磷酸盐缓冲液（mL） | 0.10 | 0.10 | 0.10 | 0.10 | 0.10 |
| 丙酮酸实际含量（μmol） | 0 | 0.10 | 0.20 | 0.30 | 0.40 |

各管加 0.02% 2，4-二硝基苯肼溶液 0.5 mL 混匀，在 37 ℃水浴保温 20 min，取出加 0.4 mol/L NaOH 溶液 5 mL，保温 10 min 后，30 min 内在 520 nm 处比色，用 1 号管调零。记录各管读数，以各管吸光度为纵坐标，丙酮酸含量为横坐标，绘制标准曲线。

**2. 测定酶活性**　取试管 2 支，按表 10-8 操作。

**表 10-8　金氏法测定血清谷丙转氨酶活性**

| 管号 | 测定管 | 对照管 |
|---|---|---|
| 谷丙转氨酶底物液（mL） | 0.5 | 0.5 |
| | 37 ℃水浴 5 min | |
| 血清（mL） | 0.1 | — |
| | 37 ℃水浴 60 min | |
| 0.02% 2, 4-二硝基苯肼溶液（mL） | 0.5 | 0.5 |
| 血清（mL） | — | 0.1 |
| | 37 ℃水浴 20 min | |
| 0.4 mol/L NaOH 溶液（mL） | 5.0 | 5.0 |

保温 10 min 后，30 min 内于 520 nm 处波长比色，用对照管调零，读取测定管吸光度，从标准曲线上查找丙酮酸含量（μmol）。

## 【计　　算】

求出 1 mL 血清中谷丙转氨酶的活性单位数（1 个活性单位指用本法在 37 ℃，1 mL 血清与底物作用 60 min，生成 1 μmol 丙酮酸）。

## 【实验材料】

**1. 器材**　722 型分光光度计、恒温水浴箱、试管等。

**2. 试剂**

（1）2.0 μmol/mL 丙酮酸标准溶液：准确称取纯化丙酮酸钠 22.0 mg，以 0.1 mol/L pH 7.4 磷酸盐缓冲液稀释至 100 mL。此液需在临用前配制。

（2）谷丙转氨酶底物液：称取丙氨酸 1.79 mg 及 $\alpha$-酮戊二酸 29.2 mg，先溶于 50 mL pH 7.4 的磷酸盐缓冲液中，然后用 1 mol/L NaOH 调节至 pH 7.4，再用 0.1 mol/L pH 7.4 的磷酸盐缓冲液稀释至 100 mL。储存于冰箱内，可保存 1 周。

（3）0.1 mol/L pH 7.4 磷酸盐缓冲液：13.97 g $K_2HPO_4$ 和 2.69 g $KH_2PO_4$ 溶解于 1000 mL 蒸馏水中。

（4）0.02% 2，4-二硝基苯肼溶液：称取 2，4-二硝基苯肼 200 mg 溶于 1 mol/L HCl 中。加热溶解后，用 1 mol/L HCl 稀释至 1000 mL。

（5）0.4 mol/L NaOH 溶液。

## 【注意事项】

**1.** 为避免溶血，最好在采血当日进行测定，如不能当日操作者，可储于冰箱中 1～2 天。

**2.** 如所得吸光度读数已超过标准曲线直线部分，表示酶活性高，此时，需将血清稀释 10 倍后重新测定。

## 【思　考　题】

**1.** 若测定管的吸光度值超出可测范围的上限时，应如何处理？

**2.** 血清中谷丙转氨酶的活性测定有何临床意义？

**3.** 测定中应注意什么？为何要避免溶血？

（杨加伟）

# 实验十二　维生素 C 的提取与定量：2, 4-二硝基苯肼法

## 【目　　的】

掌握维生素 C 的测定方法。

## 【原　　理】

维生素 C 在体内很不稳定，易被氧化成脱氢维生素 C，后者在碱性条件下可继续被氧化成无活性的二酮古洛糖酸。维生素 C、脱氢维生素 C 和二酮古洛糖酸合称为总维生素 C。

测定时，先将样品中的维生素 C 氧化成脱氢维生素 C。因脱氢维生素 C 和二酮古洛糖酸都能与 2, 4-二硝基苯肼作用生成红色的脎，脎的生成量与总维生素 C 量成正比。将脎溶于硫酸，再与同样处理的维生素 C 标准溶液比色，即可求出样品中总维生素 C 的含量。

## 【操　　作】

**1. 提取**　取小白菜 2 g（或广柑、枣、青椒等），置研钵中，加 1%草酸溶液 10～15 mL，研磨 5～10 min，将提取液收集在 50 mL 容量瓶中，如此重复提取 2～3 次，最后加 1%草酸溶液至 50 mL。

**2. 氧化、脱色**　将提取液约 10 mL 倒入干燥锥形瓶中，加入半匙活性炭充分振摇 1 min

后过滤。取约 10 mL 0.01 g/L 维生素 C 标准溶液于另一干燥锥形瓶中，加入半匙活性炭，同样振摇、过滤。

**3. 显色** 取 3 支大试管，按表 10-9 操作。

**表 10-9 维生素 C 含量的测定**

| | 空白管 | 标准管 | 测定管 |
|---|---|---|---|
| 提取液（mL） | 2.5 | — | 2.5 |
| 0.01 g/L 维生素 C 标准溶液（mL） | — | 2.5 | — |
| 10%硫脲溶液（mL） | 1.0 | 1.0 | 1.0 |
| 2% 2, 4-二硝基苯肼溶液（mL） | — | 1.0 | 1.0 |
| 混匀，置沸水浴中 10 min，流水冷却 | | | |
| 2% 2, 4-二硝基苯肼溶液（mL） | 1.0 | — | — |
| 85%硫酸溶液（mL） | 3.0 | 3.0 | 3.0 |

注意：加 85%硫酸溶液时，要逐滴慢加，并将大试管置于冷水中，边加边摇边冷却。加完后混匀，静置 10 min，选用 500 nm 波长单色光，用空白管调零，测定其他两管的吸光度。

## 【计　算】

样品中维生素 C 含量（mg/dL）

$= A_{测定管}/A_{标准管} \times 0.01 \times 2.5 \times 100/[2 \times (2.5/50)]$

$= A_{测定管}/A_{标准管} \times 25$

## 【实验材料】

**1. 样品** 小白菜（或广柑、枣、青椒等）。

**2. 器材** 722 型分光光度计、大试管、锥形瓶、容量瓶、研钵、活性炭、天平、电磁炉等。

**3. 试剂**

（1）1%草酸溶液。

（2）活性炭：100 g 活性炭加 1 mol/L HCl 750 mL 加热回流 1 h，过滤，用蒸馏水洗涤数次，至滤液中无 $Fe^{3+}$为止，然后置 110 ℃烘箱中烘干。

（3）维生素 C 标准储存液：溶解 100 mg 纯维生素 C 于 100 mL 1%草酸溶液中。

（4）0.01 g/L 维生素 C 标准溶液：取维生素 C 标准储存液 1.0 mL，用 1%草酸溶液稀释至 100 mL。

（5）2% 2, 4-二硝基苯肼溶液：溶解 2, 4-二硝基苯肼 2 g 于 100 mL 9 mol/L 硫酸溶液内，过滤，不用时放入冰箱内，每次用时必须过滤。

（6）9 mol/L 硫酸溶液：谨慎地将 250 mL 浓硫酸（比重 1.84）加入 70 mL 蒸馏水中，冷却后稀释至 1000 mL。

（7）85%硫酸溶液：谨慎地将 90 mL 浓硫酸（比重 1.84）加入 100 mL 蒸馏水中。

（8）10%硫脲溶液：溶解 50 g 硫脲于 1%草酸溶液 500 mL 中。

## 【思 考 题】

**1.** 影响维生素 C 含量测定的因素有哪些？

**2.** 维生素 C 提取过程中需要注意什么？

**3.** 维生素C在什么条件下比较稳定？此方法测得的维生素C的含量是否准确？为什么？

（束 波）

# 第十一章　糖

## 实验十三　血糖测定（葡萄糖氧化酶-过氧化物酶法）及肾上腺素对血糖浓度的影响

血糖浓度是反映体内糖代谢情况的重要血液生物化学指标，血糖浓度测定是生物化学科研和临床检验中常做的分析项目。测定方法很多，常见的方法有葡萄糖氧化酶-过氧化物酶法、福林-吴宪（Folin-Wu）法、己糖激酶法、超微量还原铁氰化钾法和邻甲苯胺法等。这里仅介绍目前广泛使用的葡萄糖氧化酶-过氧化物酶法。

### 【目　　的】

**1.** 掌握血糖的正常参考值及肾上腺素对血糖浓度的影响。

**2.** 掌握葡萄糖氧化酶-过氧化物酶法测定血糖浓度的基本原理，熟悉尿糖的半定量检测。

### 【原　　理】

人和动物体内血糖浓度受多种因素调节而维持恒定。其中肾上腺素能通过肝和肌肉的细胞膜受体、cAMP、蛋白激酶级联激活磷酸化酶，加速糖原分解，从而增高血糖浓度。

本实验以葡萄糖氧化酶-过氧化物酶法测定注射肾上腺素前后的家兔血糖浓度。

血糖指血液中的葡萄糖。葡萄糖氧化酶（glucose oxidase，GOD）利用氧和水将血清中葡萄糖氧化成葡萄糖酸，并产生过氧化氢。过氧化物酶（peroxidase，POD）将过氧化氢分解为水和氧，并使4-氨基安替比林和苯酚缩合为红色醌类化合物，即Trinder反应。红色醌类化合物的生成量与葡萄糖含量成正比。与同样处理的葡萄糖标准溶液比色，可求出血中葡萄糖含量。整个反应可简单表示如下：

$$\text{葡萄糖}+O_2+H_2O \xrightarrow{\text{葡萄糖氧化酶}} \text{葡萄糖酸}+H_2O_2$$

$$H_2O_2+\text{苯酚}+4\text{-氨基安替比林} \xrightarrow{\text{过氧化物酶}} \text{红色醌类化合物}+H_2O$$

### 【操　　作】

**1. 动物准备及取血、尿**

（1）动物准备：取正常家兔1只，实验前预先饥饿16 h，称体重（一般为2～3 kg）。

一般以耳缘静脉取血，先仔细剪去放血部位耳毛，勿剪破皮肤，用湿棉球反复拭净耳部。用二甲苯擦拭兔耳，使其血管充血，再用棉球擦干，在放血部位涂薄层凡士林（起何作用?），再用三菱针刺破静脉放血，用离心管收集血液约2 mL，用干棉球压迫血管止血。同时取尿。

（2）注射肾上腺素后取血：兔皮下或腹腔注射肾上腺素（0.4 mL/kg体重），半小时后再取血。同时取尿。

（3）离心分离血清：将2次收集的血液配平，离心（1500 r/min，5～10 min），收集上清液。

**2. 测血糖浓度** 取 4 支试管，按表 11-1 操作。

**表 11-1 葡萄糖氧化酶-过氧化物酶法测定血糖浓度**

| | 标准管 | 正常 | 注射肾上腺素后 | 空白管 |
|---|---|---|---|---|
| 血清（mL） | — | 0.02 | 0.02 | — |
| 5.00 mmol/L 葡萄糖标准溶液（mL） | 0.02 | — | — | — |
| 蒸馏水（mL） | — | — | — | 0.02 |
| 酶酚混合试剂（mL） | 3.00 | 3.00 | 3.00 | 3.00 |

将各管分别混匀后，置 37 ℃水浴中保温 15 min，取出冷却至室温后在波长 505 nm 处比色，以空白管调零，读取标准管吸光度值及测定管吸光度值。

**3. 检测尿糖** 尿糖主要指尿中的葡萄糖，葡萄糖含有半缩醛羟基，可在热碱性溶液中将硫酸铜（二价）还原为氧化亚铜（一价）。后者沉淀，其颜色随还原性物质的多少而不同（红、黄、绿）。根据沉淀的颜色，进行尿糖的半定量检查。

取 2 支试管，分别加班氏试剂 20 滴，先煮沸，试剂无变化时（以试剂本身为对照），再分别加入正常尿液或注射肾上腺素后尿液 2 滴，水浴或在小火焰上直火煮沸 5 min，观察结果，按表 11-2 标准作出判断。

**表 11-2 尿糖的半定量检查**

| 统计葡萄含量（g%） | 试管变化 | 结果符号 |
|---|---|---|
| 无糖 | 试剂仍呈清晰蓝色，如有多量尿酸存在，可能有少许蓝灰色沉淀 | — |
| 微量（0.5 以下） | 仅于冷却后有少量绿色沉淀 | + |
| 少量（0.5～1） | 煮沸约 1 min 后，出现少量黄绿色沉淀 | ++ |
| 中等量（1～2） | 煮沸约 15 s，即显土黄色沉淀 | +++ |
| 多量（2 以上） | 开始煮沸时，即显多量红棕色沉淀 | ++++ |

## 【计 算】

**1.** 注射肾上腺素前后的血糖浓度（mmol/L）。

$$\text{葡萄糖含量（mmol/L）}=\frac{\text{测定管吸光度值}}{\text{标准管吸光度值}}\times 5 \quad (11\text{-}1)$$

**2.** 注射肾上腺素后血糖浓度增高率。

$$\text{注射肾上腺素后血糖浓度增高率}=\frac{A_{\text{肾}}-A_{\text{正}}}{A_{\text{正}}}\times 100\% \quad (11\text{-}2)$$

式中，$A_{\text{肾}}$为注入肾上腺素后测定管的吸光度；$A_{\text{正}}$为注入肾上腺素前测定管的吸光度。正常家兔血糖参考值：4.5～10.17 mmol/L。

## 【实验材料】

**1. 实验动物** 健康家兔 2～3 kg，雌雄不拘。

**2. 器材** 722 型分光光度计、恒温水浴箱、剪刀、棉球、三菱针、试管电磁炉、离心机、注射器等。

**3. 试剂**

（1）肾上腺素：1 mg/mL。

（2）0.1 mol/L pH 7.0 磷酸盐缓冲液：称取无水 $Na_2HPO_4$ 8.67 g 及无水 $K_2HPO_4$ 5.3 g 溶于蒸馏水 800 mL 中，用 1 mol/L NaOH（或 1 mol/L HCl）调 pH 至 7.0，用蒸馏水定容至 1 L。

（3）酶试剂：称取过氧化物酶 1200 U，葡萄糖氧化酶 1200 U，4-氨基安替比林 10 mg，叠氮钠 100 mg，溶于 0.1 mol/L pH 7.0 磷酸盐缓冲液 80 mL 中，用 1 mol/L NaOH 溶液调 pH 至 7.0，用 0.1 mol/L pH 7.0 磷酸盐缓冲液定容至 100 mL，置 4 ℃保存，可稳定 3 个月。

（4）酚试剂：称取重蒸馏酚 100 mg 溶于蒸馏水 100 mL 中，用棕色瓶储存。

（5）酶酚混合试剂：酶试剂与酚试剂等量混合，在 4 ℃下可保存 1 个月。

（6）12 mmol/L 苯甲酸溶液：称取苯甲酸 1.4 g 溶于蒸馏水 800 mL 中，加温助溶，冷却后用蒸馏水定容至 1 L。

（7）100 mmol/L 葡萄糖标准储存液：称取已干燥恒重的无水葡萄糖 1.802 g，溶于 12 mmol/L 苯甲酸溶液 70 mL 中，以 12 mmol/L 苯甲酸溶液定容至 100 mL，2 h 以后方可使用。

（8）5.00 mmol/L 葡萄糖标准溶液：吸取葡萄糖标准储存液 5 mL 放于 100 mL 容量瓶中，用 12 mmol/L 苯甲酸溶液定容至刻度，混匀。

（9）班氏试剂：称取柠檬酸钠 173 g 和无水 $Na_2CO_3$ 100 g，溶于蒸馏水 700 mL 中，加温助溶。冷却后慢慢倾入 17.8% $CuSO_4·5H_2O$ 100 mL，边加边振摇，加蒸馏水至 1000 mL，密闭下可无限期保存。使用时应倾出上清液使用。

（10）二甲苯。

（11）凡士林。

## 【注意事项】

**1.** 注意安全，防止被咬伤或抓伤或被三棱针刺伤。

**2.** 分离血清后要及时测定，以免影响结果。

**3.** 取量要准确。

## 【思　考　题】

**1.** 为什么要在饥饿条件下采血？

**2.** 除外糖尿病，若血糖浓度测定结果不正常可考虑哪些原因？

**3.** 本法测定血糖为何不需要制备血滤液？

（李小琼）

# 实验十四　高糖膳食、饥饿和激素对肝糖原含量的影响

## 【目　　的】

掌握高糖膳食、饥饿和激素等因素对肝糖原含量变化的影响。

## 【原　　理】

正常肝糖原的质量约占肝重 5%。许多因素可影响肝糖原的含量，如饱食后肝糖原含量增加，饥饿则肝糖原含量降低；激素和肾上腺素促进肝糖原分解可降低其含量，皮质醇

通过促进糖异生而增高其含量。

浓 $H_2SO_4$ 使糖原脱水生成糖醛衍生物，后者再和蒽酮作用形成蓝色化合物，与同法处理的葡萄糖标准溶液比色，即可得出糖原的量。糖原在浓碱溶液中非常稳定，故在显色之前，肝组织先放在浓碱中加热，破坏其他成分，而保留肝糖原。

$H_2$

$HOH_2C$　O　CHO　+　　　　→ 蓝色缩合物

O

## 【操　　作】

**1. 动物准备**　选择体重在 25 g 以下的健康小白鼠 4 只，分为 2 组：一组给定量饲料；另一组于实验前 24 h 禁食，只饮水。实验前 5 h，给 1 只饥饿鼠腹腔注射皮质醇 0.2 mg/10 g 体重；实验前 30min，给 1 只饱食鼠腹腔注射肾上腺素 5 μg/10 g 体重。

**2. 糖原提取**　将 4 只小白鼠迅速断头处死，分别取出肝脏，以 0.9% NaCl 溶液冲洗后，用滤纸吸干，准确称取肝组织 0.5 g，分别放入原盛有 1.5 mL 30% KOH 溶液的试管中，编号，置沸水浴煮 20 min，取出冷却，将各管内容物分别全部移入 4 个 100 mL 容量瓶中（用水多次洗涤试管，一并收入容量瓶），加水至刻度，仔细混匀。

**3. 糖原的测定**　取试管 6 支，编号，按表 11-3 操作。

**表 11-3　糖原的测定**

| 编号 | 1（饱） | 2（饱+肾上腺素） | 3（饿） | 4（饿+皮质醇） | 5（标准） | 空白 |
| --- | --- | --- | --- | --- | --- | --- |
| 糖原提取液（mL） | 0.50 | 0.50 | 0.50 | 0.50 | — | — |
| 蒸馏水（mL） | 1.50 | 1.50 | 1.50 | 1.50 | — | 2.0 |
| 0.05 mg/mL 葡萄糖标准溶液（mL） | — | — | — | — | 2.00 | — |
| 0.2%蒽酮溶液（mL） | 4.00 | 4.00 | 4.00 | 4.00 | 4.00 | 4.00 |

摇匀，置沸水浴中 10 min，冷却，以第 6 管为空白，在 620 nm 波长处比色。记录有关数据。

## 【计　　算】

先求出每 100 g 肝组织所相当的葡萄糖的克数，再除以 1.11（转换系数），即得出每 100 g 肝组织所含的糖原克数。

## 【实验材料】

**1. 实验动物**　20～25 g 健康小白鼠 4 只，雌雄不拘。

**2. 器材**　722 型分光光度计、电磁炉、恒温水浴箱、试管、容量瓶、刻度移液管、滤纸等。

**3. 试剂**

（1）注射用皮质醇。

（2）注射用肾上腺素。

（3）0.9% NaCl 溶液。

（4）30% KOH 溶液。

（5）0.05 mg/mL 葡萄糖标准溶液。

（6）0.2%蒽酮溶液。

## 【注意事项】

**1.** 肝组织必须在沸水浴中全部溶解，否则影响比色。

**2.** 注意定量转移，吸取量务必准确。

**3.** 蒽酮试剂必须 2 倍于被测液。

**4.** 此法试剂单纯、操作简便、迅速。但肝糖原含量宜在 1.5%～9%，若肝糖原＜1%，则由于蛋白质干扰蒽酮反应，须改用间接法测定，即肝组织消化后，以 95%乙醇溶液沉淀糖原（1∶1.25），用水溶解糖原，再用 4 mL 蒽酮显色、比色。

## 【思　考　题】

**1.** 哪些因素可影响肝糖原含量的变化？

**2.** 为什么在测定肝糖原含量前要将肝组织先在碱性溶液中加热？

（李小琼）

# 第十二章　脂　　类

## 实验十五　血清总胆固醇测定：硫磷铁法

### 【目　　的】

**1.** 掌握血清总胆固醇的测定方法。

**2.** 了解血清总胆固醇增高的临床意义。

### 【原　　理】

用无水乙醇提取血清中的总胆固醇，再与硫磷铁试剂作用，产生颜色反应，其呈色度与总胆固醇含量成正比，可用比色法测定血清中总胆固醇含量。

### 【操　　作】

**1.** 取离心管 1 支，准确加入血清 0.1 mL，向管底加入无水乙醇 4.9 mL。用玻璃纸堵住管口，用力振摇 15 s，室温放置 15 min，再振摇混匀，离心（2000 r/min，5 min），取上清液备用。

**2.** 取干燥试管 3 支，按表 12-1 操作。

**表 12-1　血清总胆固醇含量的测定**

| | 测定管 | 标准管 | 空白管 |
|---|---|---|---|
| 乙醇提取液（mL） | 3.0 | — | — |
| 30 μg/mL 胆固醇标准溶液（mL） | — | 3.0 | — |
| 无水乙醇（mL） | — | — | 3.0 |
| 硫磷铁试剂（mL） | 3.0 | 3.0 | 3.0 |

**3.** 加硫磷铁试剂时须沿管壁缓缓加入，与乙醇液分成 2 层，立即迅速振摇 20 次，放置 10 min（冷却至室温），于 520 nm 波长处进行比色，以空白管调零，读取各管吸光度。

### 【计　　算】

总胆固醇浓度（mg/dL）=测定管吸光度/标准管吸光度×标准管浓度×稀释倍数×100/1000　　（12-1）

### 【实验材料】

**1. 样品**　血清。

**2. 器材**　离心机、722 型分光光度计、干燥试管、离心管、容量瓶、天平、玻璃纸等。

**3. 试剂**

（1）无水乙醇（分析纯）。

（2）2% $FeCl_3$ 储存液：称取三氯化铁（$FeCl_3 \cdot 6H_2O$）2 g，研碎后溶于100 mL 浓磷酸内，1 天后即可完全溶解，再放于暗处，至少可用 1 年。

（3）硫磷铁试剂：取 2% $FeCl_3$ 储存液 8 mL，放入 100 mL 容量瓶内，加浓 $H_2SO_4$ 至刻度，混合，放置暗处，约可使用 2 月。如出现沉淀，则应重新配制。

（4）胆固醇标准储存液（3 mg/mL）：精确称取重结晶、干燥的胆固醇 300 mg，溶于无水乙醇中至 100 mL。

（5）30 μg/mL 胆固醇标准溶液：取胆固醇标准储存液用无水乙醇稀释 100 倍。

## 【思　考　题】

**1.** 在胆固醇的提取过程中应注意什么问题？

**2.** 脂类难溶于水，将它们均匀分散在水中则形成乳浊液，为什么正常人血浆和血清中含有脂类虽多，但却不呈乳浊状？

**3.** 整个实验过程中，容器为何要保持干燥？

## 【附　　注】

**1.** 颜色反应与加硫磷铁试剂混合时的产热程度有关，因此，所用试管口径及厚度要一致，加硫磷铁试剂时必须与乙醇液分成 2 层，然后混合，不能边加边振摇，否则显色不完全，硫磷铁试剂要加一管混合一管，混合的手法、程度也要一致。

**2.** 所用试管和比色杯必须干燥，浓 $H_2SO_4$ 的质量很重要，放置日久，往往由于吸收水分而使颜色反应降低。

**3.** 空白管应接近无色，如出现橙黄色，表示无水乙醇不纯，应做去醛处理。

**4.** 人血清总胆固醇正常含量为 100～250 mg/dL。

（束　波）

# 实验十六　血清甘油三酯测定：异丙醇抽提、乙酰丙酮显色法

## 【目　　的】

**1.** 掌握测定血清甘油三酯的方法。

**2.** 熟悉异丙醇抽提、乙酰丙酮显色法测定血清甘油三酯的原理。

**3.** 了解血脂增高的临床意义。

## 【原　　理】

用异丙醇抽提血清中的甘油三酯，再以氧化铝吸附磷脂，经皂化后释放出的甘油用过碘酸钠氧化生成甲醛，甲醛与乙酰丙酮在有 $NH_4^+$ 存在下生成黄色的 3，5-二乙酰-1，4-双氢二甲基吡啶，再与同样处理的标准管比色计算出含量。

## 【操　　作】

**1.** 取血清 0.2 mL 加入带塞磨口试管中，向管底部吹入异丙醇 4.8 mL，冲散血清使蛋

白质沉淀，加塞，混合后置 60 ℃水浴 2 min。加入氧化铝 1 g，加塞，快速振摇 2 min。离心（3000 r/min，5 min），上清液即为抽提液。

**2.** 取试管 3 支，按表 12-2 操作。

**表 12-2　血清甘油三酯含量的测定**

| | 空白管 | 标准管 | 测定管 |
|---|---|---|---|
| 抽提液（mL） | — | — | 1.00 |
| 0.08 mg/mL 甘油三酯标准溶液（mL） | — | 1.00 | — |
| 异丙醇（mL） | 1.00 | — | — |
| 50 g/L KOH 溶液（mL） | 0.10 | 0.10 | 0.10 |
| 混匀后，放入 60 ℃水浴中保温 10 min | | | |
| 氧化剂（mL） | 0.50 | 0.50 | 0.50 |
| 显色剂（mL） | 0.25 | 0.25 | 0.25 |
| 混匀后，置 60 ℃水浴中保温 20 min | | | |

**3.** 取出试管冷却后，选用 420 nm 波长单色光，用空白管调零，测定其他两管的吸光度。

## 【计　　算】

甘油三酯浓度（mg/dL）= 测定管吸光度/标准管吸光度×标准管浓度×稀释倍数×100　（12-2）

## 【实验材料】

**1. 样品**　血清。

**2. 器材**　带塞磨口试管、722 型分光光度计、试管、离心机、恒温水浴箱、烘箱、干燥器、棕色瓶等。

**3. 试剂**

（1）异丙醇。

（2）氧化铝（中性、层析用）：用蒸馏水反复洗去不易下沉的细颗粒，置 100～110 ℃烘箱中过夜，储存于干燥器内。

（3）50 g/L KOH 溶液。

（4）氧化剂：取过碘酸钠 325 mg，溶于蒸馏水 250 mL 中，然后加入无水乙酸铵 38.5 g，使其溶解。再加冰醋酸 30 mL，加蒸馏水至 500 mL，混匀，保存于棕色瓶中。

（5）显色剂：乙酰丙酮 0.75 mL，异丙醇 20 mL，用蒸馏水稀释至 100 mL，储存于棕色瓶中。

（6）0.08 mg/mL 甘油三酯标准溶液。

1）储存液（4 mg/mL）：精确称取三油酸甘油酯 400 mg，用异丙醇溶解并稀释至 100 mL，混匀，冰箱保存。

2）0.08 mg/mL 甘油三酯标准溶液：取储存液 2 mL，用异丙醇稀释至 100 mL，混匀，冰箱保存。

## 【思　考　题】

实验中主要试剂的作用是什么？

## 【附　　注】

正常的甘油三酯水平：儿童＜100 mg/dL，成人＜150 mg/dL。

（束　波）

# 第十三章　核　　酸

## 实验十七　核酸浓度测定：紫外线（UV）吸收法

### 【目　　的】

**1.** 掌握紫外线（UV）吸收法测定核酸浓度的原理及操作。

**2.** 进一步熟悉紫外分光光度计的使用方法。

### 【原　　理】

嘌呤和嘧啶碱基是含有共轭双键（—C═C—C═C—）的杂环分子。因此，碱基、核苷、核苷酸和核酸在紫外波段都有较强的光吸收。在中性条件下，它们的最大吸收值在 260 nm 附近，利用核酸的紫外吸收性质可以对核酸进行定量分析。核酸的摩尔消光系数（或称吸收系数）用 $\varepsilon$（P）来表示，$\varepsilon$（P）为每升溶液中含有 1 mol 原子核酸的吸光度值（即 $A$ 值，表 13-1）。根据 260 nm 处吸光度（$A_{260}$）可以判断出待测样品中 DNA 或 RNA 的含量，该法操作简便、迅速、用量少，对待测样品无损。

蛋白质也能吸收紫外光，其最大吸收峰在 280 nm 波长处，在 260 nm 处的吸光度值仅为核酸的 1/10 或更低，因此该法对含有微量蛋白质的核酸样品，测定误差较小。同样，微量的核苷酸或寡聚核苷酸对核酸浓度测定影响也较小。若待测样品内混有大量的蛋白质和核苷酸等吸收紫外线的物质，则应设法事先除去。通常以 $A_{260}/A_{280}$ 的值判断样品的纯度，RNA 样品的 $A_{260}/A_{280}$ 在 2.0 左右，DNA 样品的 $A_{260}/A_{280}$ 在 1.8 左右，当样品中蛋白质含量较高时，比值下降。

**表 13-1　核酸摩尔消光系数及相关数值**

| | $\varepsilon$（P）（pH 7.0，260 nm） | 含磷量（%） | $A_{260}$（μg/mL） |
|---|---|---|---|
| RNA | 7700～7800 | 9.5 | 0.022～0.024 |
| DNA-Na 盐（小牛胸腺） | 6600 | 9.2 | 0.020 |

### 【操　　作】

**1.** 准确称取核酸样品若干，加少量 0.01 mol/L NaOH 溶液调成糊状，再加适量水，用 5%～6%氨水调至 pH 7.0，最后加水配制成每毫升含 5～50 μg 的核酸溶液，于紫外分光光度计上测定 260 nm 处吸光度，计算核酸浓度：

$$\text{RNA 浓度（μg/mL）}=\frac{A_{260}}{0.024\times L}\times N \qquad (13\text{-}1)$$

$$\text{DNA 浓度（μg/mL）}=\frac{A_{260}}{0.020\times L}\times N \qquad (13\text{-}2)$$

式中，$A_{260}$ 为 260 nm 波长处吸光度；$L$ 为比色杯的厚度，1 cm；$N$ 为稀释倍数；0.024 为每毫升溶液内含 1 μg RNA 的吸光度值；0.020 为每毫升溶液内含 1 μg DNA-Na 盐的吸光度值。

**2.** 如果待测的核酸样品中含有酸溶性核苷酸或可透析的低聚多核苷酸，则在测定时需加 0.25%钼酸铵-2.5%过氯酸沉淀剂，沉淀除去大分子核酸，测定上清液 260 nm 波长处吸光度值作为对照。

（1）准确称取待测的核酸样品 0.5 g，加少量 0.01 mol/L NaOH 调成糊状，再加适量水，用 5%～6%氨水调至 pH 7.0，定容至 50 mL。

（2）取 2 支离心管，甲管加入 2 mL 样品溶液和 2 mL 蒸馏水，乙管加入 2 mL 样品溶液和 2 mL 0.25%钼酸铵-2.5%过氯酸沉淀剂；混匀后在冰浴上放置 30 min，3000 r/min 离心 10 min；从甲、乙两管中分别吸取 0.5 mL 上清液，用蒸馏水稀释至 50 mL；选择厚度为 1 cm 的石英比色杯，在 260 nm 波长处测定甲管稀释液和乙管稀释液吸光度值。

$$\text{RNA 或 DNA 浓度（μg/mL）}=\frac{\Delta A_{260}}{0.024(\text{或}0.020)\times L}\times N \quad (13\text{-}3)$$

式中，$\Delta A_{260}$ 为甲管稀释液在 260 nm 波长处吸光度值减去乙管稀释液在 260 nm 波长处吸光度值。

$$\text{核酸\%}=\frac{\text{1 mL待测液中测得的核酸(μg)}}{\text{1 mL待测液中样品量(μg)}}\times 100 \quad (13\text{-}4)$$

在本实验中，1 mL 待测液中样品量为 50 μg。

## 【实验材料】

**1. 测试样品** RNA 或 DNA 干粉。

**2. 器材** 分析天平、离心机、离心管、紫外分光光度计、烧杯、冰浴、容量瓶（50 mL）、吸量管、试管、试管架等。

**3. 试剂**

（1）0.25%钼酸铵-2.5%过氯酸沉淀剂：取 3.6 mL 70%过氯酸和 0.25 g 钼酸铵溶于 96.4 mL 蒸馏水中，即成 0.25%钼酸铵-2.5%过氯酸沉淀剂。

（2）5%～6%氨水：将 25%～30%氨水稀释 5 倍即得。

（3）0.01 mol/L NaOH 溶液。

## 【思 考 题】

干扰本实验的物质有哪些?试设计排除这些干扰物的实验。

（徐先林）

# 实验十八 核酸浓度测定：定糖法（地衣酚法/二苯胺法）

## 【目 的】

掌握定糖法（地衣酚法/二苯胺法）测定核酸浓度的原理及操作。

## 【原 理】

核酸的定量一般是通过测定磷酸（平均含磷量为 8.73%）或戊糖的量来推算，本实验采用测定戊糖的量的方法来推算核酸的含量。

用酸处理组织匀浆液，将组织中的高分子物质如核酸及蛋白质等沉淀下来，再用热的有机溶剂除去脂类化合物，此时核酸及蛋白质均留在沉淀中；再将沉淀在弱酸性环境中加热，核酸溶解而蛋白质仍为沉淀，则将核酸与蛋白质分开。

核糖核酸（RNA）和脱氧核糖核酸（DNA）在强酸环境中加热即可水解产生核糖和脱氧核糖，然后分别用地衣酚法（3，5-二羟基甲苯法）、二苯胺法，通过与标准溶液比色即可计算出 RNA 和 DNA 的含量。

地衣酚法：RNA 水解产生的核糖在浓酸中脱水形成的糠醛与 3，5-二羟基甲苯络合成绿色化合物。

二苯胺法：DNA 水解产生的脱氧核糖在浓酸中生成的 $\omega$-羟基-$\gamma$-酮戊醛与二苯胺反应生成蓝色化合物。

## 【操 作】

**1.** 取新鲜鼠肝 0.8 g，用剪刀剪碎后放在研钵或匀浆器中，加 15%三氯乙酸溶液 2 mL 研磨成乳糜状后转移到刻度离心管中，再用 15%三氯乙酸溶液 1 mL 清洗研钵或匀浆器 2 次，洗涤液尽可能全部倒入上述离心管（洗涤后的研钵或匀浆器应无残渣残留），离心（3000 r/min，10 min）后弃去上清液。

**2.** 加 95%乙醇溶液 3～4 mL 洗涤沉淀，离心（2000 r/min，5 min）后弃去上清液。

**3.** 向沉淀中加入 5 mL 醇醚混合液，将沉淀与醇醚混合液混匀后，把离心管置于事先准备好的沸水浴中，待醇醚混合液沸腾 3 min 后，取出离心管，冷却，离心（2000 r/min，5 min），弃去上清液。

**4.** 向离心管中加入 5%三氯乙酸溶液 7 mL，用玻璃棒搅动起沉淀，在 90 ℃水浴锅中加热 15 min，取出冷却后再加 5%三氯乙酸溶液至 10 mL 刻度处。混匀后离心（2000 r/min，5 min），将上清液（即测定 RNA、DNA 的样品液）转移至 1 支干燥的干净试管中备用。

**5. RNA 定量**

（1）取干净试管 3 支，按表 13-2 依次加入各种试剂。

**表 13-2 RNA 含量的测定**

| | 空白管 | 标准管 | 测定管 |
|---|---|---|---|
| 样品液（mL） | — | — | 0.1 |
| 蒸馏水（mL） | 2.0 | — | 1.9 |
| RNA 标准溶液（40 μg/mL）（mL） | — | 2.0 | — |
| 3，5-二羟甲苯试剂（mL） | 4.0 | 4.0 | 4.0 |

（2）各管混匀后，至沸水浴中加热 25 min，冷却后选用 670 nm 的单色光，以空白管调零，测定其他两管的吸光度（$A$）。

（3）计算

$$\text{RNA 含量}(\mu g/100\ mg) = (A_{\text{测定管}}/A_{\text{标准管}}) \times 40 \times 2 \times (10/0.1) \times (0.1/0.8) \quad (13\text{-}5)$$

**6. DNA 的定量**

（1）取干净试管 3 支，按表 13-3 依次加入各种试剂。

表 13-3 DNA 含量的测定

| | 空白管 | 标准管 | 测定管 |
|---|---|---|---|
| 样品液（mL） | — | — | 0.1 |
| 蒸馏水（mL） | 2.0 | — | 1.9 |
| DNA 标准溶液（400 μg/mL）（mL） | — | 2.0 | — |
| 二苯胺试剂（mL） | 4.0 | 4.0 | 4.0 |

（2）各管混匀后，至沸水浴中加热 15 min，冷却后选用 595 nm 的单色光，以空白管调零，测定其他两管的吸光度（*A*）。

（3）计算

DNA 含量（μg/100 mg）=（$A_{测定管}/A_{标准管}$）× 400 × 2 ×（10/0.1）×（0.1/0.8） （13-6）

## 【实验材料】

**1. 器材** 剪刀、研钵或匀浆器、刻度离心管、试管、水浴锅、722 型分光光度计、离心机、玻璃棒等。

**2. 试剂**

（1）新鲜鼠肝。

（2）15%三氯乙酸溶液。

（3）5%三氯乙酸溶液。

（4）95%乙醇溶液。

（5）醇醚混合液：95%乙醇∶乙醚=3∶1（*V*∶*V*）。

（6）3，5-二羟甲苯试剂

甲溶液：6% 3，5-二羟甲苯无水乙醇溶液。乙溶液：取 $FeCl_3·6H_2O$ 100 mg 溶于 6 mL 蒸馏水中，再加浓 HCl 100 mL。临用当天取 3.5 mL 甲溶液和 100 mL 乙溶液混匀。

（7）二苯胺试剂：取纯化后的二苯胺 1 g 溶于 100 mL 冰醋酸（分析纯）中，加入 2.75 mL $H_2SO_4$，混匀，装入棕色瓶置冰箱备用。

（8）RNA 标准溶液：称取 RNA 40 mg，加数滴 0.1 mol/L NaOH 使其溶解后，加蒸馏水至 100 mL，用前稀释 10 倍即为 40 μg/mL RNA 标准溶液。

（9）DNA 标准溶液：称取 DNA 40 mg，加数滴 0.1mol/L NaOH 使其溶解后，加蒸馏水至 100 mL，即为 400 μg/mL DNA 标准溶液（市售商品 RNA、DNA 不纯，配标准溶液前应用定磷法标定）。

## 【思 考 题】

**1.** 简述核酸的分类和组成。

**2.** 核酸的理化性质有哪些？

**3.** 本实验结果可能受到哪些因素的影响？

（徐先林）

# 实验十九 鼠肝 DNA 的制备

## 【目 的】

学习动物 DNA 的提取方法。

## 【原 理】

DNA 是储存遗传信息的物质，是遗传的物质基础，它与生命的正常活动如生长发育、遗传有密切关系。其结构与功能的研究是当前分子生物学研究的主要内容之一。

核酸广泛存在于生物中，含有生物体的全部遗传信息。真核生物中，DNA 主要存在于细胞核中，核外也有少量，如线粒体 DNA。DNA 的分子长度一般随生物由低级进化到高级而增加，人类 DNA 分子长度为 $2.9\times10^9$ bp。

无论是研究核酸的结构，还是它的功能，首先需要对核酸进行分离与提纯。分离与提纯核酸最基本的要求是保持核酸的完整性及纯度。

DNA 以核蛋白（DNP）形式存在于细胞核中，要从生物组织中提取 DNA 首先必须粉碎组织，裂解细胞膜和核膜，使 DNA 释放出来，再用苯酚去除蛋白质。由于细胞中的核糖核蛋白（RNP）和 DNA 往往一起被提取出来，故 DNA 沉淀中混有 RNA，需用核糖核酸酶（RNase）处理，去除 RNA，并用蛋白酶将遗留的少量蛋白质水解除去，再经苯酚处理，乙醇沉淀，最后可得较为纯净的 DNA。它的纯度可以从 260 nm 波长处的吸光度和 280 nm 波长处的吸光度比值测知，一般以 $A_{260}/A_{280}$ 能达到 1.8 左右为标准。

分离与提纯过程中保持 DNA 的完整性和纯度存在许多困难，主要原因有如下两点。

（1）细胞内 DNA 酶活性很高，在分离与提纯过程中会造成核酸的降解。

（2）DNA 分子很大，分离过程中因化学因素或物理因素使 DNA 降解，如强酸、强碱、温度过高或机械张力剪切等。

DNA 的定量可采用化学的定磷法、定核酸法。目前多数实验室采用紫外分光光度法测定核酸含量，以下公式可作为紫外定量时参考：

$$双链 DNA 含量=A_{260}\times样品稀释倍数\times50\ \mu g/mL \tag{13-7}$$

## 【操 作】

**1.** 取新鲜小鼠肝脏用冰生理盐水洗去血水，用滤纸吸干后，于–20 ℃冰箱中保存，用时取出。

**2.** 1 g 鼠肝加 10 mL 裂解缓冲液，在组织匀浆器中匀浆约 1 min（2 次，每次 0.5 min）。

**3.** 取塑料离心管 1 支，加入 1/3 支匀浆液（若匀浆液太稠，则再加入 1 mL TE 缓冲液），然后再加入等体积苯酚∶氯仿混合液（1∶1）抽提。每次抽提轻缓地来回摇动 5 min，然后离心（10 000 r/min，5 min），将水相吸入另一干净的塑料离心管中，重复抽提 2 次。

注意：每次吸取水相时不要将界面上的变性蛋白质混入，抽提 2 次后一般有机相和水相界面上的变性蛋白质极少，肉眼基本看不见。若界面上变性蛋白质仍较多，可增加抽提次数（图 13-1）。

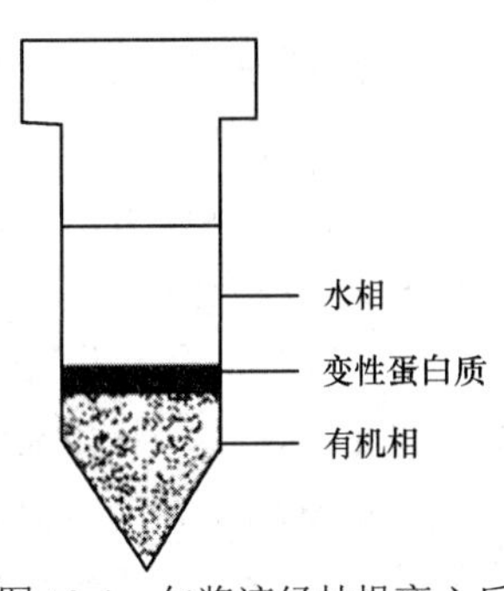


图 13-1 匀浆液经抽提离心后的分层

**4.** 水相加入 1 支刻度离心管中后，加入 2.5 倍体积的冰无水乙醇（用刻度离心管测量体积），加 5 mol/L NaCl 溶液到终浓度为 0.1 mol/L，在刻度离心管中轻缓的混匀，此时可见白色絮状沉淀，此即 DNA 粗制品。

**5.** 用玻璃棒捞起 DNA 沉淀，放入小烧杯中，用 70%乙醇溶液洗涤沉淀 1 次，洗涤时动作要轻，防止 DNA 被切断。

**6.** 沉淀取出放入 1 支干净的塑料离心管中，用 1 mL TE 缓冲液溶解。

**7.** 在 1 mL DNA 溶液中加入 10 mg/mL RNase 溶液 20 μL，使 RNase 最终浓度达到 200 μg/mL，37 ℃保温 30 min。

**8.** 加入 20% SDS 溶液 25 μL，使 SDS 最终浓度至 0.5%；加入 0.5 mol/L EDTA 溶液 30 μL 至其终浓度 20 mmol/L；加 10 mg/mL 蛋白酶 K 溶液 20 μL，使蛋白酶 K 最终浓度为 200 μg/mL，50 ℃保温 30 min。

**9.** 加等体积苯酚∶氯仿混合液（1∶1）抽提，重复一次，去除蛋白酶 K 及其他残留的蛋白质，至界面无明显的变性蛋白质为止。每次抽提轻缓地来回摇动 5 min，离心（10 000 r/min，5 min）。

**10.** 吸取水相，水相吸至 1 支干净刻度离心管中量出体积，再加入 2.5 倍体积的冰无水乙醇，加 5 mol/L NaCl 溶液至终浓度为 0.1 mol/L，混匀后可得较纯的 DNA 沉淀，再用 70%乙醇溶液洗涤沉淀一次。

**11.** 在 1 支干净的塑料离心管中用 0.3～0.5 mL TE 缓冲液溶解沉淀，得到提纯的 DNA 原液。

**12.** 吸取 DNA 原液 100 μL，用 TE 缓冲液稀释至 3 mL（1∶30 稀释，若 DNA 原液太浓，取原液 50 μL，太稀则取原液 200 μL）。在紫外分光光度计中测定 $A_{260}$ 及 $A_{280}$ 的读数。计算：$A_{260}/A_{280}$ 值、DNA 浓度及 DNA 总量。剩余原液标注自己的学号，于–20 ℃冻存，留做 PCR 实验。

## 【实验材料】

**1. 样品**　新鲜小鼠肝脏。

**2. 器材**　塑料离心管、刻度离心管、滴管、玻璃棒、移液管、小烧杯、微量取样器、手套、离心机、紫外分光光度计、恒温水浴箱、组织匀浆器、电泳仪及电泳槽、滤纸、–20 ℃、冰箱等。

**3. 试剂**

（1）裂解缓冲液：取 1 mol/L 的 Tris-HCl pH 7.4 50 mL，20% SDS 25 mL，2 mol/L NaCl 50 mL，0.5 mol/L EDTA 40 mL 并用蒸馏水定容至 1000 mL。

裂解缓冲液工作液终浓度：50 mmol/L Tris-HCl pH 7.4，20 mmol/L EDTA，0.5% SDS，100 mmol/L NaCl。

其中 Tris-HCl pH 7.4 维持 pH 恒定，防止 DNA 变性和水解。EDTA 能络合二价金属离子，当 $Mg^{2+}$被络合后，细胞内释放出来的 DNA 酶的作用被抑制，以避免 DNA 的降解，同时金属离子被络合后，细胞膜的稳定性下降，有利于膜的裂解。SDS 有使蛋白质变性的作用，它能破坏膜蛋白的构象，因此使膜裂解，它又能使核蛋白中的核酸与蛋白质解离，并且 SDS 也具有抑制 DNA 酶的作用。

（2）苯酚：重蒸苯酚加入抗氧化剂 8-羟喹啉溶液 1 mg/mL，用 1 mol/L pH 8.0 Tris-HCl 溶液洗 1 次，再用 0.1 mol/L pH 8.0 Tris-HCl 溶液洗 2 次，使苯酚 pH 为 7.6～7.8。

（3）苯酚∶氯仿混合液（1∶1）：苯酚加上等体积氯仿并用水饱和，混合液分层，上层为水相，下层为有机相且带黄色。

苯酚和氯仿都是蛋白质变性剂，苯酚使蛋白质变性的作用强于氯仿，氯仿具有较好的分层作用。

（4）冰无水乙醇：DNA 在 pH 7.4 条件下带负电，在 NaCl 存在条件下，DNA 盐呈电中性，乙醇将 DNA 分子周围的水分夺去，DNA 失水形成白色絮状沉淀。

（5）TE 缓冲液：取 1 mol/L Tris-HCl pH 7.4 50 mL，0.5 mol/L EDTA 10 mL 用蒸馏水定容至 1000 mL。

TE 缓冲液工作液终浓度：50 mmol/L Tris-HCl pH7.0，5 mmol/L EDTA。

（6）10 mg/mL RNase 溶液。

配法：

称取 RNase 溶解在 10 mmol/L Tris-HCl（pH 7.5）和 15 mmol/L NaCl 溶液中使之浓度为 10 mg/mL。100 ℃加温 15 min，使夹杂的少许 DNase 失活，然后慢慢冷却，分装于小管中于–20 ℃保存。

（7）10 mg/mL 蛋白酶 K 溶液，于–20 ℃保存。

蛋白酶 K 优点：水解能力很强，作用广泛，可与 SDS 及 EDTA 合并使用。

（8）20% SDS 溶液。

（9）0.5 mol/L EDTA 溶液。

（10）12 mol/L 高氯酸溶液。

（11）冰生理盐水。

（12）5 mol/L NaCl 溶液。

（13）70%乙醇溶液。

## 【注意事项】

**1.** 为尽可能避免 DNA 大分子的断裂，在实验过程中必须注意以下几点：

（1）匀浆时应保持低温，匀浆时间应短，勿用玻璃匀浆器。

（2）实验中使用的吸取 DNA 水溶液的滴管管口需粗而短，并烧成钝口。

（3）苯酚抽提时勿剧烈振摇。

**2.** 保持 DNA 活性，避免酸、碱或其他变性因素使 DNA 变性。

**3.** 苯酚是一种强烈的蛋白质变性剂。实验时，应戴手套操作，避免皮肤碰到苯酚被灼伤。苯酚蒸气毒性较大，实验中应注意将盛苯酚的试剂瓶盖好。

**4.** 离心时要注意离心管间的重量平衡，离心管要对称放置，当离心达到所需速度后再开始计时。

## 【思　考　题】

**1.** 如样品中有蛋白质存在，其紫外分析结果有何变化？如何进一步纯化？

**2.** DNA 的定量可采用哪些方法？目前常用的是哪种？如何测定 DNA 的含量？

**3.** 从生物细胞中提取 DNA 的主要注意点是什么？应如何控制？

**4.** 能引起 DNA 变性的因素有哪些？DNA 降解和 DNA 变性有何区别？如何鉴别？

（张　博）

# 实验二十　细胞核的分离与核酸的鉴定

## 【目　　的】

1. 掌握核酸在细胞中的分布及核酸提取和鉴定的方法。

2. 进一步掌握离心机的工作原理及正确使用方法。

### 一、细胞核的分离与纯化

## 【原　　理】

在研究细胞内各特殊部位的结构与功能，以及各细胞器在细胞活动中所起的作用时，必须有一整套完善提取某一种细胞成分的方法，从而进行深入研究。现以肝细胞核的提取为例，了解分离提取核酸的基本原理和方法。动物肝脏用 1.5%柠檬酸溶液制成匀浆，经离心分离出细胞核和细胞质。细胞核部分再进一步在蔗糖柠檬酸溶液中离心纯化，可获得初步纯化的白色细胞核沉淀。

## 【操　　作】

**1. 制备肝匀浆**　将小鼠处死，迅速取出肝脏，用生理盐水洗去血液，除去结缔组织，剪碎，称取 0.5 g 肝组织，加 10 倍体积（约 5 mL）的 1.5%柠檬酸溶液在匀浆器中制成匀浆。本次实验用研钵加石英砂少许，适当研磨制备匀浆。将匀浆液用双层纱布过滤，以除去残渣。

**2. 分离细胞质与细胞核**

（1）将匀浆液全部倾入离心管中，以 3000 r/min 的转速离心 10 min，上层液含细胞质，倒于另一试管中保留，待测定核酸。

（2）沉淀为粗制的细胞核，在细胞核中加入 1 mL 0.25 mol/L 蔗糖柠檬酸溶液，用玻璃棒搅匀，成为核悬液。

（3）另取离心管 1 支，加 0.88 mol/L 蔗糖柠檬酸溶液 9 mL，用滴管吸取上述核悬液，沿管壁缓缓铺于 0.88 mol/L 蔗糖柠檬酸溶液液面上，再以 2000 r/min 转速离心 5 min，倾去上层液，将管倒立于滤纸上，以吸干余液。此为初步纯化的细胞核。

（4）用核洗液 5 mL 洗涤沉淀，以 2000 r/min 离心 5 min，除去上层液。再重复洗涤一次，白色沉淀即为纯化的肝细胞核。

（5）加 5 mL 0.02 mol/L NaOH 溶液使细胞核溶解为核液，保留，待测定核酸。

## 【实验材料】

**1. 实验动物**　20～25 g 小白鼠。

**2. 器材**　离心机、匀浆器、剪刀、研钵、石英砂、双层纱布、玻璃棒、滴管、滤纸等。

**3. 试剂**

（1）0.9% NaCl 溶液。

（2）1.5%柠檬酸溶液。

（3）0.25 mol/L 蔗糖柠檬酸溶液（含 3.3 mmol/L $CaCl_2$）：称取蔗糖 86 g 及 $CaCl_2$ 363 mg，用 1.5%柠檬酸溶液溶解并稀释至 1000 mL。

（4）0.88 mol/L 蔗糖柠檬酸溶液（含 3.3 mmol/L $CaCl_2$）：称取蔗糖 301 g 及 $CaCl_2$ 363 mg，用 1.5%柠檬酸溶液溶解并稀释至 1000 mL。

（5）核洗液：即 0.05 mol/L Tris-HCl（pH 7.5）-0.15 mol/L NaCl 液。在 0.2 mol/L Tris-HCl pH 7.5 缓冲液 250 mL 中加 NaCl 8.7 g，再用蒸馏水稀释至 1000 mL。

（6）0.02 mol/L NaOH 溶液。

（7）生理盐水。

## 二、RNA 的鉴定

### 【原　　理】

细胞核中核酸组成与细胞质不同，核内含大量 DNA，而 RNA 较少，细胞质中则 RNA 含量丰富。

RNA 在碱性溶液中水解后，其核糖部分可被浓 HCl 脱水形成糖醛，后者能和 3，5-二羟甲苯缩合成绿色化合物。

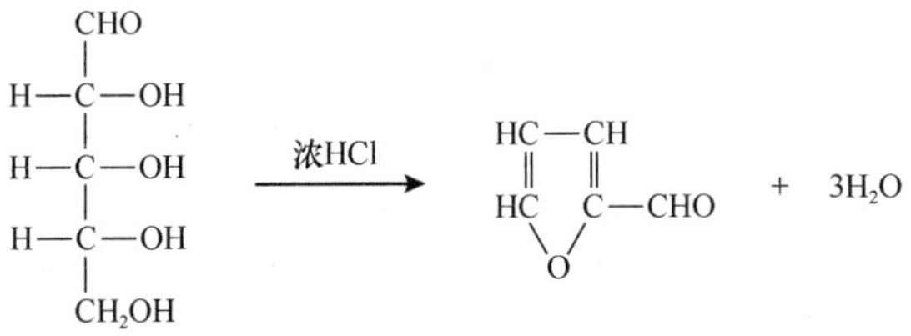

$$\text{D-核糖} \xrightarrow{\text{浓HCl}} \text{糖醛} + 3H_2O$$

D-核糖　　糖醛

$$\text{糖醛} + \text{3,5-二羟甲苯} \longrightarrow \text{绿色化合物}$$

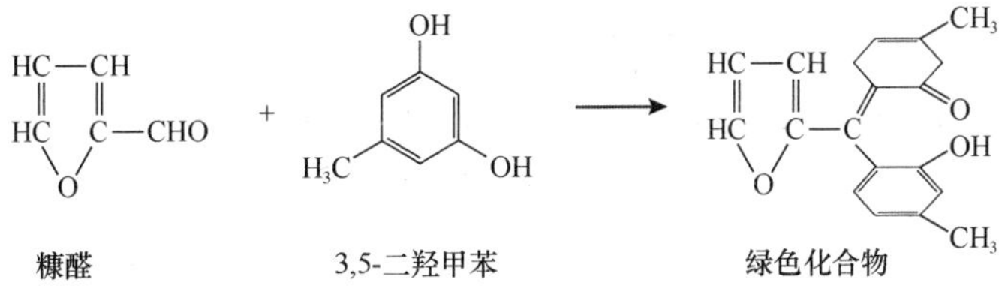

糖醛　　3,5-二羟甲苯　　绿色化合物

### 【操　　作】

**1. 水解**　取离心管 2 支，编号，按表 13-4 操作。

**表 13-4　RNA 的水解**

| | 编号 | |
|---|---|---|
| | 1 | 2 |
| 细胞质（滴） | 20 | — |
| 核液（滴） | — | 20 |
| 1 mol/L KOH（滴） | 20 | 20 |

混匀各管，置沸水浴煮沸 10 min，取出冷却，加 8 mL 5%三氯乙酸溶液搅匀，使蛋白质及 DNA 沉淀，于 2000 r/min 转速离心 5 min，其上清液为 RNA 的碱水解液。

**2. 鉴定**　取试管 3 支，编号，按表 13-5 操作。

表 13-5　RNA 的鉴定

| | 编号 | | |
|---|---|---|---|
| | 1 | 2 | 3 |
| 细胞质水解液（滴） | 20 | — | — |
| 核液水解液（滴） | — | 20 | — |
| 5%三氯乙酸溶液（滴） | 10 | 10 | 30 |
| 3，5-二羟甲苯液（滴） | 30 | 30 | 30 |

立即混匀，沸水浴中煮沸 10 min，取出冷却，比较各管颜色有何不同。

## 【实验材料】

**1. 器材**　电磁炉、水浴锅、离心机、试管等。

**2. 试剂**

（1）1 mol/L　KOH 溶液。

（2）5%三氯乙酸溶液。

（3）3，5-二羟甲苯液：取相对密度 1.19 的 HCl 100 mL，加 $FeCl_3 \cdot 6H_2O$ 100 mg 及重结晶 3，5-二羟甲苯 100 mg，混匀溶解后，置于棕色瓶中，此试剂可用 1 周，颜色变绿即已变质，不能使用，市售 3，5-二羟甲苯往往不纯，必须二次结晶，必要时用活性炭脱色方可使用。

### 三、DNA 的鉴定

## 【原　　理】

DNA 在过氯酸溶液中加热水解后，其脱氧核糖部分在浓酸中生成 *ω*-羟基-*γ*-酮戊醛等化合物，再进一步与二苯胺作用，可产生蓝色化合物。

$$\underset{\text{脱氧核糖}}{\begin{array}{l} CHO \\ | \\ CH_2 \\ | \\ CHOH \\ | \\ CHOH \\ | \\ CH_2OH \end{array}} \xrightarrow[-H_2O]{\text{浓酸}} \underset{\omega\text{-羟基-}\gamma\text{-酮戊醛}}{\begin{array}{l} CHO \\ | \\ CH_2 \\ | \\ CH_2 \\ | \\ C{=}O \\ | \\ CH_2OH \end{array}} \xrightarrow{C_6H_5-NH-C_6H_5} \text{蓝色化合物}$$

## 【操　　作】

**1. 水解**　取离心管 2 支，编号，按表 13-6 操作。

表 13-6　DNA 的水解

| | 编号 | |
|---|---|---|
| | 1 | 2 |
| 细胞质（滴） | 20 | — |
| 核液（滴） | — | 20 |
| 1 mol/L 过氯酸溶液（滴） | 20 | 20 |

于沸水浴中加热水解 10 min，冷却后，以 2000 r/min 转速离心 5 min，上清液为 DNA 水解液。

**2. 鉴定**　取试管 3 支，编号，按表 13-7 操作。

**表 13-7　DNA 的鉴定**

| | 编号 | | |
|---|---|---|---|
| | 1 | 2 | 3 |
| 细胞质水解液（滴） | 20 | — | — |
| 核液（滴） | — | 20 | — |
| 1 mol/L 过氯酸溶液（滴） | — | — | 20 |
| 二苯胺试剂（滴） | 20 | 20 | 20 |

将上述各管立即混匀，置沸水浴中加热 10 min，取出冷却后，观察各管颜色的差别。

## 【实验材料】

**1. 器材**　同“RNA 的鉴定”。

**2. 试剂**

（1）1 mol/L 过氯酸溶液：取 70%过氯酸溶液 8.57 mL，加水至 100 mL。

（2）二苯胺试剂：称取结晶二苯胺 1 g 溶于 100 mL 冰醋酸中，再加入浓 $H_2SO_4$ 2.75 mL。

## 【思　考　题】

**1.** 为什么要在酸性条件下鉴定 DNA，在碱性条件下鉴定 RNA？

**2.** 提取亚细胞成分的基本原则是什么？

（张　博）

# 第四篇　基础分子生物学实验

## 第十四章　分子克隆技术

### 实验二十一　大肠杆菌感受态细胞的制备

#### 【目　　的】

掌握$CaC1_2$法制备大肠杆菌感受态细胞的原理和实验方法，为重组质粒的转化做准备。

#### 【原　　理】

通常情况下，细菌细胞很难接纳外源 DNA 分子，但是当用物理或化学方法处理后，细菌细胞的细胞膜通透性发生改变，对摄取外源 DNA 分子变得敏感，这种经过处理而容易接纳外源 DNA 分子的细胞称为感受态细胞。常用的使细菌成为感受态细胞的方法有化学法和电穿孔法。

化学法中最经典的是$CaC1_2$方法，其基本原理：当细菌处于 0 ℃、低渗的$CaC1_2$溶液中时，细菌细胞壁和膜的通透性增强，菌体膨胀成球形。外源 DNA 与$Ca^{2+}$结合形成抗脱氧核糖核酸酶（DNase）的羟基-钙磷酸复合物黏附于细胞表面，42 ℃短暂的热冲击处理（热休克）促进细菌细胞吸收外源 DNA 复合物，然后在营养丰富的培养基中生长 1h 左右，细菌细胞形态恢复正常。获得了外源 DNA 的细菌称为转化子。转化子中的抗性基因得以表达，随后将菌液涂布于含某种抗生素的选择性培养基平板上，转化子可分裂、增殖，形成菌落。

电穿孔法的基本原理是利用高压脉冲，在宿主细胞表面形成暂时性的微孔，外源 DNA 乘隙而入。脉冲过后，微孔复原，在丰富培养基中生长数小时后，获得了外源 DNA 的细菌增殖，质粒复制。

#### 【操　　作】

**1. 受体菌的培养**　将甘油储备的大肠杆菌在 LB 固体培养基平板上划线，于 37 ℃培养 16～20 h，然后从 LB 固体培养基平板上挑取单菌落接种于 1 mL LB 液体培养基中，37 ℃振荡过夜。次日，将上述培养菌液转入 50 mL LB 液体培养基中，37 ℃ 300 r/min，强烈振荡培养 2～3 h，使细胞的$A_{600}$为 0.4～0.6，此即为对数生长期或对数生长前期的细胞。

**2. 感受态细胞的制备**（$CaCl_2$法）　将上述培养菌液冰上放置 10 min，然后转移到适宜的离心管中，以 4 000 r/min 转速于 4 ℃离心 10 min。弃上清液，将离心管倒置于吸水纸上，使剩余的液体流尽。加入 10 mL 预冷的 0.1 mol/L $CaCl_2$溶液使沉淀轻轻悬浮，然后冰浴 30 min。以 4 000 r/min 转速于 4 ℃离心 10 min，回收细胞，弃上清液。然后再加入 2 mL 预冷的 0.1 mol/L $CaCl_2$ 溶液悬浮细胞，此即为感受态细胞。

**3. 感受态细胞保存**　在上述新制得的在 0.1 mol/L $CaCl_2$溶液中悬浮的感受态细胞

中加入终浓度为15%的灭菌甘油，按每份100 μL分装在Eppendorf管中，置−70 ℃冻存备用。

## 【实验材料】

**1. 器材** 恒温培养箱、恒温水浴摇床、722型分光光度计、低温高速离心机、冰箱、制冰机、超净工作台、扭力天平、高压灭菌锅、培养皿、微量加样器、Eppendorf管、0.22 μm滤膜、0.45 μm滤膜、各种规格量筒、冰盒等。

**2. 试剂**

（1）LB 液体培养基：胰蛋白胨10 g，酵母提取液5 g，NaCl 10 g，加去离子水800 mL，搅拌使其完全溶解，用5 mol/L NaOH溶液调节pH 至7.4，加入去离子水至总体积为1000 mL，121 ℃高压灭菌20 min。

（2）LB固体培养基：在试剂（1）中加入琼脂15 g后，121℃ 高压灭菌20 min。

（3）5 mol/L NaOH溶液：在100 mL去离子水中溶解20 g NaOH。

（4）1 mol/L $CaCl_2$溶液：在200 mL去离子水中溶解54 g $CaCl_2 \cdot 6H_2O$，于121℃高压灭菌20 min，分装成10 mL小份，于−20 ℃储存。

（5）0.1 mol/L $CaCl_2$溶液：制备感受态细胞时，取出1 mol/L $CaCl_2$溶液一小份解冻并用灭菌去离子水稀释至0.1 mol/L。

（6）灭菌甘油：高压灭菌后于4 ℃储存。

（7）甘油储备的大肠杆菌。

## 【注意事项】

**1.** 制备感受态细胞前的受体菌应处于对数生长期。转化时菌体浓度应控制在不超过$10^7$/mL，过浓说明菌体生长已过了对数生长期；过稀则菌数太少，这段时间只有1%～10%的细菌能成为感受态。

**2.** 感受态细胞可以在−70 ℃保存，但储存时间过长将导致转化率下降。一般环化重组子分子越小转化率越高，环状DNA分子比线性DNA 分子的转化率高。

**3.** 整个操作过程要在洁净的环境中进行，防止污染杂菌。

## 【思 考 题】

**1.** 什么是感受态细胞? $CaCl_2$ 法制备感受态细胞的原理是什么?

**2.** 为何要用对数生长期的细菌制备感受态细胞?

（陈 静）

# 实验二十二 质粒DNA的快速提取

## 【目 的】

掌握提取大肠杆菌质粒DNA的基本原理和实验方法。

## 【原　　理】

染色体 DNA 与质粒 DNA 的变性与复性具有一定的差异。在 pH 12.6 的高碱性条件下，染色体 DNA 和质粒 DNA 都发生变性，但质粒超螺旋共价闭合环状结构的两条互补链不会完全分离，所以当以 pH 4.8 的 KAc 高盐缓冲液调节其 pH 至中性时，变性的质粒 DNA 又恢复到原来的构型，保存在溶液中，而染色体 DNA 不能复性形成缠连的网状结构。通过离心，染色体 DNA 与不稳定的大分子 RNA、蛋白质-SDS 复合物等一起沉淀下来而被除去。

## 【操　　作】

**1.** 将含有相应质粒的大肠杆菌 100 μL 接种到含氨苄西林（100 μg/mL）的 LB 液体培养基中，在 37 ℃振摇过夜。

**2.** 取 1.5 mL 培养物转入 Eppendorf 管中，于 12 000 r/min 转速离心 2 min。

**3.** 弃去离心后的上清液，使细菌沉淀物尽可能沥干。

**4.** 确认质粒 DNA 提取试剂盒中的 Solution Ⅰ中加入了 RNase A；Buffer WB 中加入了无水乙醇。

**5.** 用 250 μL 的 Solution Ⅰ（含 RNase A）充分悬浮操作 3 中的细菌沉淀。注意不要残留细小菌块，可以使用振荡混匀器等剧烈振荡使菌体充分悬浮。

**6.** 加入 250 μL 的 Solution Ⅱ轻轻上下翻转混合 5～6 次，使菌体充分裂解，形成透明溶液。注：轻轻颠倒混合，不可剧烈振荡，此步骤不宜超过 5 min。

**7.** 加入 350 μL 的 4 ℃预冷的 Solution Ⅲ，轻轻上下翻转混合 5～6 次，直至形成紧实凝集块，然后室温静置 2 min。

**8.** 室温下以 12 000 r/min 转速离心 10 min，取上清液。

**9.** 将试剂盒中的离心柱安置于收集管上。将操作 7 中的上清液转移至离心柱中，以 12 000 r/min 的转速离心 1 min，弃滤液。

**10.** 将 700 μL 的 Buffer WB 加入离心柱中，以 12 000 r/min 的转速离心 30 s，弃滤液。

**11.** 重复步骤 10。

**12.** 重新将离心柱安置于收集管上，以 12 000 r/min 的转速离心 1 min，除尽残留洗液。

**13.** 将离心柱安置于新的 1.5 mL 的离心管上，在离心柱膜的中央处加入 50 μL 的灭菌蒸馏水或洗脱缓冲液（Elution Buffer），室温静置 1 min。

**14.** 以 12 000 r/min 的转速离心 1 min 洗脱质粒 DNA。

## 【实验材料】

**1. 器材**　台式离心机、振荡混匀器、Eppendorf 管、可调式微量移液器、移液器吸头等。

**2. 试剂**

（1）含相应质粒的大肠杆菌。

（2）LB 液体培养基：蛋白胨 10 g、酵母浸出粉 5 g、NaCl 10 g，加去离子水 800 mL，搅拌使其完全溶解，用 5 mol/L NaOH（约 0.2 mL）调 pH 至 7.4，加入去离子水至总体积为 1000 mL，121 ℃高压灭菌 20 min。

（3）氨苄西林：用无菌水配制储存液为 100 mg/mL，临用时 1∶1000 稀释。

（4）含氨苄西林（100 μg/mL）的 LB 液体培养基：在试剂（2）中加入 15g 琼脂，120 ℃高压灭菌 20 min 后，冷却至 65 ℃左右加入氨苄西林（终浓度为 100 μg/mL），立即铺板。

（5）质粒 DNA 提取试剂盒（表 14-1）。

**表 14-1 试剂盒制品内容**

| 试剂盒制品 | 所含试剂 |
|---|---|
| RNase A | RNase A（10 mg/mL） |
| Solution Ⅰ | 50 mmol/L 葡萄糖，10 mmol/L EDTA（pH 8.0），50 mmol/L Tris-HCl（pH 8.0） |
| Solution Ⅱ | 1% SDS，0.2 mol/L NaOH |
| Solution Ⅲ | 11.5 mL 冰醋酸，60 mL 5 mol/L 乙酸钠，28.5 mL 蒸馏水 |
| Buffer WB | 70%乙醇 |
| Elution Buffer | 100 mmol/L Tris-HCl（pH 8.0），10 mmol/L EDTA（pH 8.0） |

## 【注意事项】

**1.** 每次起始的菌液量应控制在 1～4 mL，菌量太大影响溶菌及质粒 DNA 的释放，纯化时会影响质粒 DNA 的纯度。菌体的培养时间不要超过 16 h，否则难以裂解。

**2.** 加入 Solution Ⅱ和 Solution Ⅲ后，不要剧烈混合，剧烈混合会导致基因组 DNA 的污染。

**3.** 加入 Solution Ⅲ后，应充分混合使蛋白质、基因组 DNA 等形成白色沉淀，离心后沉降于离心管底部。若离心后沉淀仍悬浮于溶液中时，请将离心管上下翻转混合数次后高速离心 3～5 min。

**4.** 纯化的质粒 DNA 用于 DNA 序列分析时，最好使用灭菌蒸馏水洗脱质粒 DNA。

**5.** 质粒 DNA 需长期保存时，建议在 Elution Buffer 中保存。

（陈 静）

# 实验二十三 质粒 DNA 的限制性核酸内切酶消化酶解

## 【目 的】

掌握限制性核酸内切酶消化酶解大肠杆菌质粒 DNA 的基本原理和实验方法。

## 【原 理】

限制性核酸内切酶能特异地识别双链 DNA 中的碱基序列，通过“切割”双链 DNA 中每一条链上的磷酸二酯键使 DNA 断裂。利用它可方便地按需要对 DNA 进行“剪切”加工。限制性核酸内切酶单位的定义：在限定的温度和反应环境中，1 h 消化 1 μg DNA 所需的酶量为一个酶单位。由于种种原因，在实际使用时需适当增加酶量。现在一般用 3～5 单位的酶消化 1 μg DNA；反应时间亦可延长到 3 h 以上乃至过夜；从而使得酶切反应更为完全。内切酶一般均保存在 50%的甘油缓冲液中，但进行酶切反应时，过高浓度的甘油会抑制酶活性。在反应体系中甘油的终浓度不能高于 5%，故酶储存液至少需稀释 10 倍。通常各种核酸内切酶反应都需要 $Mg^{2+}$和一定的盐浓度及适宜的 pH，这就需要提供特定的缓冲液。

为方便操作，一般习惯于配制 10 倍浓度的储存缓冲液，在临用时按 1∶10 比例稀释即可。现在各厂家均配售各种与酶相应的缓冲液，如配套使用，效果更佳。闭合环状质粒 DNA 经限制性核酸内切酶切割后，即变成线性 DNA 分子。

## 【操　　作】

**表 14-2　质粒 DNA 的酶切**

| | |
|---|---|
| 质粒 DNA | 10 μL（10 μg） |
| 10×缓冲液 | 2 μL |
| 20 U/μL *Hin*d Ⅲ | 2 μL |
| 消毒三蒸水 | 6 μL |
| 总体积 | 20 μL |

**1.** 取 Eppendorf 管 1 支，在管中按表 14-2 依次加入试剂。

**2.** 混匀，置离心机中短暂离心数秒钟，使溶液沉于管底。

**3.** 37 ℃水浴酶切消化 1 h 以后，即可进行电泳分析，也可将酶切后的质粒 DNA 保存于–20 ℃环境，以备后续实验用。

## 【实验材料】

**1. 样品**　质粒 DNA。

**2. 器材**　台式离心机、震荡混匀器、Eppendorf 管、可调式微量移液器、移液器吸头、电泳仪、冰箱等。

**3. 试剂**

（1）10×缓冲液。

（2）20 U/μL *Hin*d Ⅲ：限制性核酸内切酶。

## 【注意事项】

**1.** 整个操作必须严谨，所用物品全部需高压灭菌，避免交叉污染。

**2.** 每种限制性内切酶都有其最佳反应条件，应严格按照产品说明书操作。

**3.** 用于酶切的质粒 DNA 纯度要高，溶液中不能含有乙醇、氯仿、EDTA 等试剂，否则会抑制限制性内切酶活性导致质粒 DNA 切割不彻底。

**4.** 大多数限制性内切酶在 37 ℃反应时间为 1～2 h，如酶的纯度不佳，酶切时间不能太长，以免产生非特异性切割。

**5.** 酶切反应后，如需进行下一步的酶学反应，可于 65 ℃保温 20 min，否则可加 EDTA 灭活限制性内切酶。

## 【思　考　题】

**1.** 什么是限制性核酸内切酶？其作用特点是什么？

**2.** DNA 的酶切实验要注意哪些问题?

（陆红玲）

# 实验二十四　质粒 DNA 的琼脂糖凝胶电泳检测

## 【目　　的】

掌握琼脂糖凝胶电泳分离 DNA 的基本原理和方法。

## 【原　　理】

琼脂糖凝胶电泳是重组 DNA 研究中常用的技术，可用于分离、鉴定和纯化 DNA 片段。不同大小、不同形状和不同构象的 DNA 分子在相同的电泳条件下（如凝胶浓度、电流、电压、缓冲液等），有不同的迁移率，所以可通过电泳使其分离。凝胶中的 DNA 可与 Gold View 荧光染料结合，在紫外灯下可看到荧光条带，借此可分析实验结果。

## 【操　　作】

**1.** 将凝胶成形模具水平放置，将选好的加样梳放好，加样梳底部与模具之间留 1 mm 空间。

**2.** 称取 DNA 电泳用琼脂糖 1 g 放入 250 mL 的三角烧瓶中，加入 100 mL 1×TAE 缓冲液，混匀后，将烧瓶置于微波炉中，高火加热煮沸，直至琼脂糖完全溶解。

**3.** 关闭微波炉，取下三角烧瓶，将其置室温下冷却至 70 ℃左右（手握烧瓶可以耐受），再加入 Gold View 荧光染料 5 μL，混匀后，将凝胶溶液倒入胶板铺板。

**4.** 室温下待凝胶完全凝固，需时约 30 min，然后拔出加样梳，将胶板放入电泳槽中。

**5.** 在电泳槽加入 1×TAE 缓冲液，以高出凝胶表面 2 mm 为宜。

**6.** 取 Eppendorf 管 2 支，标号，如表 14-3 所示准备电泳样品。

**表 14-3　电泳样品的制备**

| | 1 | 2 |
|---|---|---|
| 样品 | DNA marker 5 μL | 质粒 DNA5 μL |
| 6×上样缓冲液 | — | 2 μL |

**7.** 将上面两管样品分别混匀。

**8.** 用加样器吸取样品。依序分别加入 2 个点样孔中，注意加样器吸头应恰好置于凝胶点样孔中，不可刺穿凝胶，也要防止将样品溢出孔外。

**9.** 接通电源，调节电压至 120V，电泳 20～30 min 后，将凝胶板取出，在紫外灯下观察结果。

## 【实验材料】

**1. 器材**　电泳仪、水平式核酸电泳槽、紫外灯、凝胶成形模具、加样梳、三角烧瓶、微波炉、胶板、Eppendorf 管、加样器等。

**2. 试剂**

（1）DNA 电泳用琼脂糖。

（2）6×上样缓冲液：0.25%溴酚蓝、40%蔗糖。

（3）DNA 分子量标准。

（4）50×TAE 电泳缓冲液（pH 8.0）储存液：每 1 000 mL 储存液含 242 g Tris，57.1 mL 冰醋酸，100 mL 0.5 mol/L EDTA。

（5）1×TAE 电泳缓冲液：将上述（4）中 50×TAE 电泳缓冲液（pH 8.0）储存液稀释 50 倍。

（6）1% 琼脂糖：1g 琼脂糖用 100 mL 1×TAE 电泳缓冲液于微波炉中加热溶解。

（7）Gold View 荧光染料。

## 【注意事项】

**1.** Gold View 荧光染料为一种有毒试剂，使用时一定要戴手套操作，注意防护。

**2.** 影响 DNA 片段琼脂糖电泳的几个因素如下所示。

（1）DNA 分子的大小：线性 DNA 分子的迁移率与其分子量的对数值成反比。

（2）琼脂糖浓度：一定大小的 DNA 片段在不同浓度的琼脂糖凝胶中的迁移率是不相同的。相反，在一定浓度的琼脂糖凝胶中，不同大小的 DNA 片段的迁移率也是不同的。若要有效地分离不同大小的 DNA，应采用适当浓度的琼脂糖凝胶（表 14-4）。

**表 14-4　琼脂糖凝胶的浓度与分辨 DNA 的范围**

| 琼脂糖凝胶浓度（%） | 可分辨的线性 DNA 片段大小（kb） |
|---|---|
| 0.4 | 5～60 |
| 0.7 | 0.8～10 |
| 1.0 | 0.4～6 |
| 1.5 | 0.2～4 |
| 1.75 | 0.2～3 |
| 2.0 | 0.1～3 |

（3）DNA 分子的形态：在同一浓度的琼脂糖凝胶中，超螺旋 DNA 分子迁移率比线性 DNA 分子快，线性 DNA 分子比开环 DNA 分子快。

（4）电流强度：每厘米凝胶电压不超过 5 V，若电压过高分辨率会降低，只有在低电压时，线性 DNA 分子的电泳迁移率与所用电压才会成正比。

## 【思　考　题】

**1.** 如何判断 DNA 是否完整？

**2.** DNA 提取过程中主要注意什么？

**3.** 本实验所用离心法的原理是什么？

（陈　静）

# 第十五章 PCR 技 术

## 实验二十五 PCR及产物鉴定

### 【目 的】

**1.** 掌握PCR的原理和方法。

**2.** 掌握PCR扩增产物鉴定的原理和方法。

**3.** 了解基因体外扩增技术及其应用。

### 【原 理】

PCR是一种在体外大量扩增特异DNA片段的分子生物学技术。其原理是以合成的2条已知序列的寡核苷酸为引物，在DNA聚合酶作用下，以dNTP为原料，复制位于2个引物之间的特定DNA片段。以变性、退火、延伸三步为一个循环，每一个循环的产物作为下一个循环的模板，如此循环30次，介于2个引物之间的新生DNA片段理论上达到$2^{30}$拷贝，约为$10^9$个分子。其原理见图15-1。

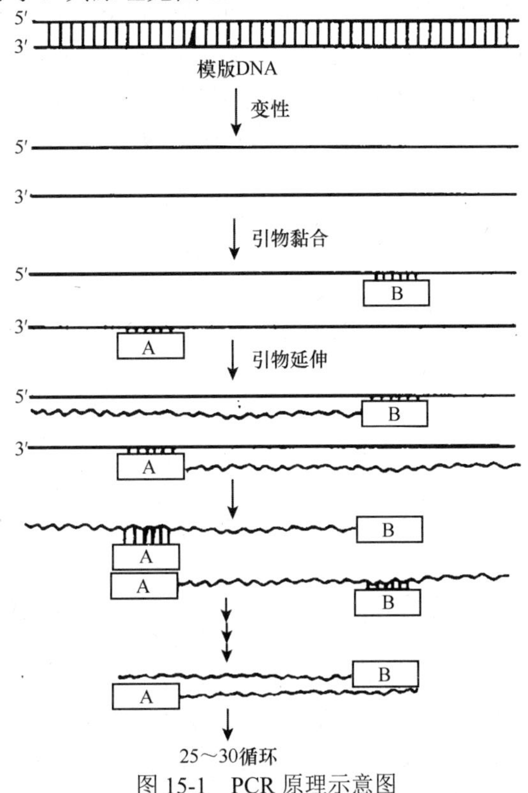


图15-1 PCR原理示意图

**1. PCR反应体系需要考虑的几个主要组分**（以典型的50 μL PCR体系为例）

（1）模板：通常为双链DNA。如果起始反应物为RNA或单链DNA，也可以通过逆转录和（或）合成互补的双链DNA后以其为PCR模板。常见DNA模板在50 μL PCR

体系中的用量为 5～500 ng（人基因组），100 pg～200 ng（大肠杆菌基因组），10 pg～10 ng（质粒 DNA），25～75 ng（cDNA）。

（2）引物：一般为 15～30 bp，最好为 20～24 bp，G+C 为 40%～60%，碱基随机分布，不应有嘌呤或嘧啶的堆积，引物自身不应有互补序列，还应避免引物产生复杂的二级结构。引物过短，特异性降低，引物过长，合成费用提高。引物延伸从 3′端开始，在退火反应时，3′端应确保与模板 DNA 良好结合。引物在反应中浓度为 0.2～1 μmol/L。更高浓度可能导致非靶序列扩增，且可能自身形成引物间或引物内局部二聚体；浓度低，扩增效率低。

（3）dNTP：最适浓度可根据特定靶序列长度和碱基组成来决定。反应中每种 dNTP 的终浓度为 20～200 μmol/L。普通 PCR 所使用的 dNTP 必须以等浓度配制，以减少错配和提高使用效率，一般市售产品为 ATCG 各 2.5 mmol/L 的 dNTP 混合物，−20 ℃保存。

（4）耐热 DNA 聚合酶：是 PCR 反应体系的核心组分。尽管有各种高保真、快速延伸、适用难扩增模板等新功能 DNA 聚合酶不断被商品化，但是从嗜热水生菌 *Thermus aquaticus* 中分离的 *Taq* DNA 聚合酶因能耐受热变性条件，从而使 PCR 技术产生了革命性的变化，即不需要每一次循环后重新加酶，操作更简便并且使自动化 PCR 设备成为可能，所以 *Taq* DNA 聚合酶是最著名的 PCR 用 DNA 聚合酶。酶量太高，可能会出现非特异扩增，酶量太低则可能产量不足。在一个典型的 50 μL 反应体系中，一般使用 0.5～2.5 U *Taq* DNA 聚合酶。

（5）缓冲体系和 $Mg^{2+}$：缓冲液一般为 10 mmol/L Tris-HCl，pH 8.3（8.0～9.5）。在反应混合液中，50 mmol/L 以内的 $K^+$有利于引物退火；$NH_4^+$通常具有去稳定效应，从而增强 PCR 反应的特异性。$Mg^{2+}$是 DNA 聚合酶发挥 dNTP 掺入活性的辅助因子，它位于酶的活性中心，能通过稳定引物与模板上磷酸骨架的负电荷使二者结合，辅助 DNA 聚合酶催化引物的 3′羟基与 dNTP 的磷酸根基团反应形成磷酸二酯键，最佳浓度参考酶的说明书。$Mg^{2+}$通常以盐酸盐 $MgCl_2$ 的形式加入，但是对于另外一些 DNA 聚合酶（如 *Pfu*），加入硫酸盐 $MgSO_4$ 则更能有效促进反应。

**2. PCR 反应条件**　变性温度是 PCR 成功的关键，温度太高影响酶浓度，太低则解链不完全，一般为 94 ℃或 95 ℃。退火温度决定 PCR 的特异性；退火时间取决于引物的碱基组成、长度与浓度。延伸温度一般为 72 ℃，此时 *Taq* DNA 聚合酶具有最高活性；延伸时间不仅取决于产物 DNA 的长度，而且取决于酶的延伸速度，时间过长会导致非特异扩增。循环数 25～35，取决于模板 DNA 的初始浓度。

## 【操　　作】

**1.** 根据试剂盒的要求配制 PCR 反应体系如下所示。

| | |
|---|---|
| 模板 DNA | 4 μL（如前所述，不同类型模板用量不同） |
| 上游引物 | 2 μL（终浓度 0.2～0.3 μmol/L） |
| 下游引物 | 2 μL（普通 PCR，上下游引物等物质量加入） |
| 缓冲液 | 5 μL（本例为 10×浓度的储存液，要确保终浓度为 1×） |
| dNTP | 4 μL（本例 dNTP 为 ATCG 各 2.5mmol/L 的储液） |
| *Taq* DNA 聚合酶 | 1 μL |
| 去离子水 | 32 μL |
| 合计 | 50 μL |

**2.** 根据引物的 $T_m$ 值和预期产物的长度，参考 DNA 聚合酶的说明书设定 PCR 的循环参数，利用 PCR 扩增仪进行扩增。

PCR 循环参数如下所示。

（1）94 ℃ 2 min 预变性阶段

（2）94 ℃ 10 s 变性阶段

（3）55 ℃ 15 s 退火阶段

（4）72 ℃ 30 s 延伸阶段（本例中产物长度为 500 bp 左右）

（5）72 ℃ 10 min 延伸、补齐阶段

（6）4 ℃ forever 保存阶段

（2）、（3）和（4）步是循环阶段，本实验循环 30 次。

**3. PCR 产物鉴定**

（1）配制电泳缓冲液：电泳缓冲液本实验使用 1×TAE 缓冲液（由 Tris、乙酸和 EDTA 三种试剂配制成的 50 倍浓缩液，取 10 mL 浓缩液用蒸馏水稀释到 500 mL 即可）。

（2）制备琼脂糖凝胶：根据试引物设计确定的产物 DNA 的长度，确定琼脂糖凝胶的浓度。本实验中产物 DNA 的长度为 500 bp 左右，故所选取的琼脂糖浓度为 1.0%，取电泳缓冲液配制 1.0%琼脂糖凝胶。

取水平电泳槽的凝胶板一个，水平放置，放上加样梳，将融化后的琼脂糖凝胶 50 mL，加入 3～5 μL Gold View 荧光染料混匀，缓慢倾入凝胶板中。待凝胶凝固后，小心取出加样梳，去掉胶布，放入加好电泳缓冲液的电泳槽中。

（3）上样电泳：取 PCR 扩增产物 10 μL 与 2 μL 上样缓冲液混合，取 10 μL 混合液加入凝胶上样孔中。80V 电压下电泳 1h。

（4）记录结果：在紫外灯下观察凝胶并拍照。

## 【实验材料】

**1. 器材** PCR 扩增仪、水平电泳槽、电泳仪、微型离心机、移液器吸头（10 μL，100 μL）、移液器（0.5～10 μL，10～100 μL）、PCR 反应管（0.2 mL）、Eppendorf 管（1.5 mL）、加样梳、紫外灯等。

**2. 试剂** PCR 试剂盒、琼脂糖、1×TAE 缓冲液、Gold View 荧光染料、溴酚蓝、甘油。

## 【注意事项】

**1. 谨防污染** 由于 PCR 反应极强的扩增能力和检测灵敏性，微量的污染便有可能导致假阳性结果。因此主要采取以下预防措施。

（1）工作区隔离：分样品处理区、PCR 扩增区和反应产物分析区。

（2）试剂取样及分装：用清洁灭菌的器皿；分装试剂，减少重复取样所致的污染。

（3）严格实验操作：如有必要，操作时戴手套和口罩，如有污染要及时更换；样品管可先微离心，轻柔开盖和加样，避免产生气溶胶。

（4）污染处理：常用稀 HCl 处理电泳槽及电泳板；污染试剂和耗材应及时更换；有嫌疑接触核酸染料的耗材等垃圾置于专门的垃圾桶。

**2. 注意预防职业暴露** 紫外线是明确的具有诱变活性的物质，应避免无保护地直视凝

胶成像的紫外光源，或让皮肤长时间暴露在光源下。如使用 Gold View 荧光染料等新型核酸染料，要注意部分厂家提供的产品安全技术说明有时不一定可靠。因核酸染料须结合在核酸分子上才可能让核酸分子在紫外线下被识别，若这些染料分子与实验操作者细胞内的核酸分子结合，则可能造成不可预期的后果。所以，即使核酸染料试剂商声称产品无毒（如 Ames 试验阴性），也不可贸然徒手接触。

## 【思　考　题】

多个不同模板/引物的 PCR 重复试验，如何提高加样效率？

（刘喜平）

# 第十六章　蛋白质免疫印迹技术

## 实验二十六　蛋白质免疫印迹技术

### 【目　　的】

掌握蛋白质免疫印迹技术的基本原理和方法。

### 【原　　理】

蛋白质免疫印迹技术的过程包括蛋白质经凝胶电泳分离后，在电场作用下将凝胶上的蛋白质条带转移到NC膜上，经封闭后再用抗待检蛋白质的抗体作为探针与之结合，经洗涤后，再将滤膜与二级试剂即碱性磷酸酶偶联抗免疫球蛋白抗体结合，进一步洗涤后，通过放射自显影或原位酶反应来确定抗原-抗体-抗抗体复合物在滤膜上的位置和丰度。

### 【操　　作】

**1. 样品的SDS-PAGE**　按第九章实验七【操作】进行。加样时，注意在同一块胶板上按顺序做一份重复点样，以备电泳结束时，一份用于免疫鉴定，一份用于蛋白质染色显带，以利相互对比，分析实验结果。

**2. 转移印迹**

（1）转移前准备：将滤纸、NC膜剪成与凝胶同样大小，NC膜浸入转移缓冲液中平衡10 min。

（2）按图16-1操作：逐层铺平，各层之间无气泡和皱折。

（3）将转印夹组装完毕置转印槽，80 V恒压转印1 h。转印完毕的凝胶和NC膜可分别用丽春红染色液染色20 min，观察转印效果。

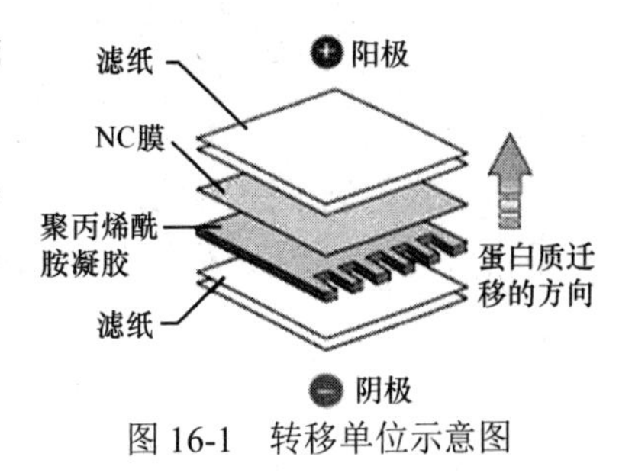

图16-1　转移单位示意图

**3. 免疫染色**

（1）转移后的NC膜于封闭液中室温封闭30 min，按说明书加合适滴度的一抗4 ℃孵育过夜。

（2）以TBS漂洗液洗膜2～3次，10 min/次。

（3）加碱性磷酸酶标记的二抗，室温放置1 h。

（4）以TBST漂洗液洗3次，5 min/次。

（5）将NC膜转入DAB显色液中，置暗处反应，显色充分（3～10min）后立即用蒸馏水洗涤终止反应。

（6）观察结果。

### 【实验材料】

**1. 器材**　转移电泳仪、NC膜、滤纸、剪刀、手套、小尺、聚丙烯酰胺凝胶等。

**2. 试剂**

（1）一抗：鼠源 Albumin 抗体。

（2）二抗：碱性磷酸酶标记的羊抗鼠 IgG 抗体。

（3）转移缓冲液：Tris 3.03 g，甘氨酸 14.4 g，甲醇 200 mL，加三蒸水至 1000 mL 充分溶解，4 ℃冰箱储存。

（4）TBS（tris buffered saline）漂洗液：Tris 2.42 g，NaCl 8.8 g，溶于 600 mL 三蒸水，再用 1 mol/L HCl 调至 pH 7.4，然后补加三蒸水至 1000 mL。

（5）TBST 漂洗液：TBS 漂洗液 500 mL，加 Tween-20 250 μL。

（6）封闭液：PBS 缓冲液稀释的 5%脱脂奶粉。

（7）PBS 缓冲液：NaCl 8.0 g，KCl 0.2 g，$Na_2HPO_4$ 1.44 g，$KH_2PO_4$ 0.24 g，溶于 800 mL 三蒸水，再用 1 mol/L HCl 调至 pH 7.4，最后补加三蒸水至 1000 ml。

（8）DAB（3，3-diaminobenzidine；3，3-二氨基联苯胺）显色液：5 mg DAB 溶于 10 mL PBS，加 30% $H_2O_2$ 10 μL（临用时现配）。

（9）丽春红染色液。

## 【注意事项】

**1.** DAB 应低温密封保存。如有结晶析出，应确保结晶完全溶解后再行使用。

**2.** DAB 显色液应现用现配，新鲜配制的工作液应为无色或浅棕色，如颜色过深，请勿使用。

**3.** DAB 在常温下不稳定，每次取用后均应及时加盖密封放回冰箱，以免因 DAB 分解影响实验，或因渗漏造成实验环境污染。

**4.** DAB 有潜在接触毒性，操作时应注意穿戴好防护用具。

## 【思　考　题】

除了碱性磷酸酶-DAB 显色方法以外，在蛋白质免疫印迹方法中，二抗标记物和蛋白质条带显色底物之间还有哪些配对？各有什么优缺点？

（刘喜平）

# 参 考 文 献

安钢力. 2018. 实时荧光定量 PCR 技术的原理及其应用. 中国现代教育装备，301（21）：19-21.

陈仕均，唐海蓉，张兆沛，等. 2010. 离心机的原理、操作及维护. 现代科学仪器，（3）：151-154.

崔泽实，郭丽洁，王菲，等. 2016. 实验室离心技术与仪器维护. 实验室研究与探索，35（6）：269-272.

李万杰，胡康棣. 2015. 实验室常用离心技术与应用. 生物学通报，50（4）：10-12.

钱民章，陈建业. 2016. 生物化学. 2 版. 北京：科学出版社.

钱士匀. 2006. 临床生物化学和生物化学检验实验指导. 2 版. 北京：人民卫生出版社.

宋方洲，何凤田. 2008. 生物化学与分子生物学实验. 北京：科学出版社.

王媛，雷迎峰，丁天兵，等. 2013. 超速离心机的操作及超速离心技术的应用. 医学理论与实践，26（16）：2144-2146.

药立波. 2014. 医学分子生物学实验技术. 3 版. 北京：人民卫生出版社.

查锡良. 2013. 生物化学与分子生物学. 8 版. 北京：人民卫生出版社.

张维铭. 2007. 现代分子生物学实验手册. 2 版. 北京：科学出版社.

周芳，肖媛，左艳霞，等. 2016. 分析超速离心技术及其在分子生物学中的应用. 生命科学研究，20（1）：63-69.

朱月春，曹西南. 2011. 医学生物化学与分子生物学实验教程. 北京：高等教育出版社.

Chien D B，Edgar，et al. 1976. Deoxyribonucleic acid polymerase from the extreme thermophile *Thermus aquaticus*. Journal of Bacteriology，127（3）：1550-1557.

Hebert G A，Pelham P L，Pittman B. 1973. Determination of the optimal ammonium sulfate concentration for the fractionation of rabbit，sheep，horse，and goat antisera. Applied Microbiology，25（1）：26-36.

# 附　　录

## 附录一　常用洗涤液的种类和用途

| 种类 | 配制及用途 |
|---|---|
| 铬酸洗液 | 1）5g 重铬酸钾+100 mL 浓硫酸<br>2）5g 重铬酸钾+5 mL 水+100 mL 浓硫酸<br>3）80g 重铬酸钾+1000 mL 水+100 mL 浓硫酸<br>4）200g 重铬酸钾+500 mL 水+500 mL 浓硫酸<br>广泛用于玻璃仪器的洗涤 |
| 5%草酸溶液 | 用数滴硫酸酸化，可洗去高锰酸钾痕迹 |
| 45%尿素洗涤液 | 为蛋白质的良好溶剂，可洗涤盛装蛋白质及血液样品的容器 |
| 5%～10%磷酸三钠溶液 | 可洗涤油污物 |
| 5%～10%EDTA-$Na_2$溶液 | 加热煮沸可洗涤玻璃仪器内壁的白色沉淀物 |
| 有机溶剂 | 丙酮、乙醇、乙醚等可脱油脂、脂溶性染料等留下的痕迹；二甲苯可洗涤油漆的污垢 |
| 30%硝酸溶液 | 洗涤微量滴管及$CO_2$测定仪器 |
| 乙醇与浓硝酸的混合液 | 滴定管中加 3 mL 乙醇，然后沿管壁慢慢加入 4 mL 浓硝酸盖住管口，利用所产生的氧化氮洗净滴定管 |
| 强碱性洗涤液 | 氢氧化钾的乙醇溶液和含高锰酸钾的氢氧化钠溶液，可清除容器内壁的污垢，但对玻璃仪器的腐蚀性较强，使用时间不宜过长 |
| 浓盐酸 | 可除去容器上的水垢或无机盐沉淀 |

## 附录二　常用蛋白质分子量标准参照物

| 高分子量标准参照物 | | 中分子量标准参照物 | | 低分子量标准参照物 | |
|---|---|---|---|---|---|
| 名称 | 分子量 | 名称 | 分子量 | 名称 | 分子量 |
| 肌球蛋白 | 212 000 | 磷酸化酶 B | 97 000 | 碳酸酐酶 | 31 000 |
| $\beta$-半乳糖苷酶 | 116 000 | 牛血清清蛋白 | 66 200 | 大豆胰蛋白酶抑制剂 | 21 000 |
| 磷酸化酶 B | 97 400 | 谷氨酸脱氢酶 | 55 000 | 马心肌球蛋白 | 16 000 |
| 牛血清清蛋白 | 66 200 | 卵清蛋白 | 42 700 | 溶菌酶 | 14 000 |
| 过氧化氢酶 | 57 000 | 醛缩酶 | 40 000 | 肌球蛋白（F1） | 8 100 |
| 醛缩酶 | 40 000 | 碳酸酐酶 | 31 000 | 肌球蛋白（F2） | 6 200 |
| | | 大豆胰蛋白酶抑制剂 | 21 000 | 肌球蛋白（F3） | 2 500 |
| | | 溶菌酶 | 14 000 | | |

## 附录三　常用试剂等级表示法和用途

| 试剂等级 | 等级名称 | 等级缩写 | 标签颜色 | 用 途 |
|---|---|---|---|---|
| 一级 | 保证试剂 | G. R. | 绿色 | 纯度最高，适用于最精密的分析研究 |
| 二级 | 分析纯 | A. R. | 红色 | 纯度较高，适用于精确的微量分析，为分析实验室广泛应用 |
| 三级 | 化学纯 | C. P. | 蓝色 | 纯度略低，适用于一般的微量分析，要求不高的工业分析和快速分析 |
| 四级 | 实验试剂 | L. R. | 棕黄色 | 纯度较低，但高于工业用试剂，适用于一般的定性检验 |
| | 生物试剂 | B.R.或C.R. | | 根据试剂说明使用 |

# 附录四　常用缓冲液浓度及pH范围

| 缓冲液名称及常用浓度 | 配制pH范围 | 主要物质分子量（$M_r$） |
|---|---|---|
| 甘氨酸-盐酸缓冲液（0.05 mol/L） | 2.2～5.0 | 甘氨酸 $M_r$=75.07 |
| 邻苯二甲酸-盐酸缓冲液（0.05 mol/L） | 2.2～3.8 | 邻苯二甲酸氢钾 $M_r$=204.23 |
| 磷酸氢二钠-柠檬酸缓冲液 | 2.2～8.0 | 磷酸氢二钠 $M_r$=141.98 |
| 柠檬酸-氢氧化钠-盐酸缓冲液 | 2.2～6.5 | 柠檬酸 $M_r$=192.06 |
| 柠檬酸-柠檬酸钠缓冲液（0.1 mol/L） | 3.0～6.6 | 柠檬酸 $M_r$=192.06<br>柠檬酸钠 $M_r$=257.96 |
| 乙酸-乙酸钠缓冲液（0.2 mol/L） | 3.6～5.8 | 乙酸钠 $M_r$=81.76<br>乙酸 $M_r$=60.05 |
| 邻苯二甲酸氢钾-氢氧化钠缓冲液 | 4.1～5.9 | 邻苯二甲酸氢钾 $M_r$=204.23 |
| 磷酸氢二钠-磷酸二氢钠缓冲液（0.2 mol/L） | 5.8～8.0 | $Na_2HPO_4·2H_2O$ $M_r$=178.05<br>$Na_2HPO_4·12H_2O$ $M_r$=358.22<br>$NaH_2PO_4·H_2O$ $M_r$=138.01<br>$NaH_2PO_4·2H_2O$ $M_r$=156.03 |
| 磷酸氢二钠-磷酸二氢钾缓冲液（1/15 mol/L） | 4.92～8.18 | $Na_2HPO_4·2H_2O$ $M_r$=178.05<br>$KH_2PO_4$ $M_r$=136.09 |
| 磷酸二氢钾-氢氧化钠缓冲液（0.05 mol/L） | 5.8～8.0 | $KH_2PO_4$ $M_r$=136.09 |
| 巴比妥钠-盐酸缓冲液（18 ℃） | 6.8～9.6 | 巴比妥钠 $M_r$=206.18 |
| Tris-盐酸缓冲液（0.05 mol/L 25 ℃） | 7.10～9.00 | Tris $M_r$=121.14 |
| 硼砂-盐酸缓冲液（0.05 mol/L） | 8.0～9.1 | 硼砂（$Na_2B_4O_7·10H_2O$）$M_r$=381.43 |
| 硼酸-硼砂缓冲液（0.2 mol/L） | 7.4～8.0 | 硼砂（$Na_2B_4O_7·10H_2O$）$M_r$=381.4<br>$H_3BO_3$ $M_r$=61.84 |
| 甘氨酸-氢氧化钠缓冲液（0.05 mol/L） | 8.6～10.6 | 甘氨酸 $M_r$=75.07 |
| 硼砂-氢氧化钠缓冲液（0.05 mol/L） | 9.3～10.1 | 硼砂（$Na_2B_4O_7·10H_2O$）$M_r$=381.43 |
| 碳酸钠-碳酸氢钠缓冲液（0.1 mol/L） | 9.16～10.83 | 碳酸钠 $M_r$=286.2<br>碳酸氢钠 $M_r$=84.0 |
| 碳酸钠-氢氧化钠缓冲液（0.025 mol/L） | 9.6～11.0 | |
| 磷酸氢二钠-氢氧化钠缓冲液 | 10.9～12.0 | $Na_2HPO_4·2H_2O$ $M_r$=178.05<br>$Na_2HPO_4·12H_2O$ $M_r$=358.22 |
| 氯化钾-盐酸缓冲液（0.2 mol/L） | 1.0～2.2 | 氯化钾 $M_r$=74.55 |
| 氯化钾-氢氧化钠缓冲液（0.2 mol/L） | 12.0～13.0 | 氯化钾 $M_r$=74.55 |

# 附录五　常用三种凝胶的种类、型号及性能

凝胶层析常用于分离纯化蛋白质（包括酶类）、核酸、多糖、激素、病毒、氨基酸和抗生素等生物大分子，也可用于样品的浓缩和脱盐及测定生物大分子的分子量等方面，具有设备简单、操作方便、重现性好、产品收率高等特点。

**常用三种凝胶的种类、型号及性能**

| 种类及主要用途 | 化学组成 | 部分型号 | 颗粒大小（目数） | 分离性能（Da） | 溶胀时间（h） | |
|---|---|---|---|---|---|---|
| | | | | | 20～25 ℃ | 90～100 ℃ |
| 葡聚糖凝胶（Sephadex G-） | 由葡聚糖和甘油基通过醚桥交联而成 | G-10 | 100～200 | <700 | 3 | 1 |
| | | G-15 | 120～200 | <1500 | 3 | 1 |
| | | G-25 | 50～400 | 100～5000 | 3 | 1 |

续表

| 种类及主要用途 | 化学组成 | 部分型号 | 颗粒大小（目数） | 分离性能（Da） | 溶胀时间（h） | |
|---|---|---|---|---|---|---|
| | | | | | 20～25 ℃ | 90～100 ℃ |
| 葡聚糖凝胶（Sephadex G-） | 由葡聚糖和甘油基通过醚桥交联而成 | G-50 | 50～400 | 500～30 000 | 3 | 1 |
| | | G-75 | 120～400 | 1 000～8 000 | 24 | 3 |
| | | G-100 | 120～400 | 1 000～15 000 | 72 | 3 |
| | | G-150 | 120～400 | 1 000～30 000 | 72 | 5 |
| | | G-200 | 120～400 | 1 000～60 000 | 72 | 5 |
| 聚丙烯酰胺凝胶（Bio-gel p-） | 由丙烯酰胺和双丙烯酰胺共聚而成 | P-2 | 50～400 | 200～1 800 | 4 | 2 |
| | | P-4 | 50～400 | 800～4 000 | 4 | 2 |
| | | P-6 | 50～400 | 1 000～6 000 | 4 | 2 |
| | | P-10 | 50～400 | 1 500～20 000 | 4 | 2 |
| | | P-30 | 50～200 | 2 500～40 000 | 12 | 3 |
| | | P-60 | 50～200 | 3 000～60 000 | 12 | 3 |
| | | P-100 | 50～200 | 5 000～100 000 | 24 | 5 |
| | | P-150 | 50～200 | 15 000～150 000 | 24 | 5 |
| | | P-200 | 50～200 | 50 000～20 000 | 48 | 5 |
| | | P-300 | 50～200 | 60 000～400 000 | 48 | 5 |
| 琼脂糖凝胶（Sepharose gio-gel） | 由 *D*-半乳糖和 3、6 脱水的 *L*-半乳糖连接而成，为中性琼脂糖 | A 0.5m | 50～400 | 10 000～500 000 | | |
| | | A 1.5m | 50～400 | 10 000～1 500 000 | | |
| | | A 5m | 50～400 | 10 000～5 000 000 | | |
| | | A 15m | 50～400 | 10 000～15 000 000 | | |
| | | A 50m | 50～400 | 100 000～50 000 000 | | |
| | | A 150m | 50～200 | 1 000 000～150 000 000 | | |

# 附录六　硫酸铵饱和度的常用表

## 1. 调整硫酸铵溶液饱和度计算表（0℃）

| 硫酸铵初浓度 | 在 0℃硫酸铵终浓度，%饱和度 | | | | | | | | | | | | | | | | |
|---|---|---|---|---|---|---|---|---|---|---|---|---|---|---|---|---|---|
| | 20 | 25 | 30 | 35 | 40 | 45 | 50 | 55 | 60 | 65 | 70 | 75 | 80 | 85 | 90 | 95 | 100 |
| %饱和度 | 每 100 mL 溶液加固体硫酸铵的克数 | | | | | | | | | | | | | | | | |
| 0 | 10.6 | 13.4 | 16.4 | 19.4 | 22.6 | 25.8 | 29.1 | 32.6 | 36.1 | 39.8 | 43.6 | 47.6 | 51.6 | 55.9 | 60.3 | 65.0 | 69.7 |
| 5 | 7.9 | 10.8 | 13.7 | 16.6 | 19.7 | 22.9 | 26.2 | 29.6 | 33.1 | 36.8 | 40.5 | 44.4 | 48.4 | 52.6 | 57.0 | 61.5 | 66.2 |
| 10 | 5.3 | 8.1 | 10.9 | 13.9 | 16.9 | 20.0 | 23.3 | 26.6 | 30.1 | 33.7 | 37.4 | 41.2 | 45.2 | 49.3 | 53.6 | 58.1 | 62.7 |
| 15 | 2.6 | 5.4 | 8.2 | 11.1 | 14.1 | 17.2 | 20.4 | 23.7 | 27.1 | 30.6 | 34.3 | 38.1 | 42.0 | 46.0 | 50.3 | 54.7 | 59.2 |
| 20 | 0 | 2.7 | 5.5 | 8.3 | 11.3 | 14.3 | 17.5 | 20.7 | 24.1 | 27.6 | 31.2 | 34.9 | 38.7 | 42.7 | 46.9 | 51.2 | 55.7 |
| 25 | | 0 | 2.7 | 5.6 | 8.4 | 11.5 | 14.6 | 17.9 | 21.1 | 24.5 | 28.0 | 31.7 | 35.5 | 39.5 | 43.6 | 47.8 | 52.2 |
| 30 | | | 0 | 2.8 | 5.6 | 8.6 | 11.7 | 14.8 | 18.1 | 21.4 | 24.9 | 28.5 | 32.3 | 36.2 | 40.2 | 44.5 | 48.8 |
| 35 | | | | 0 | 2.8 | 5.7 | 8.7 | 11.8 | 15.1 | 18.4 | 21.8 | 25.4 | 29.1 | 32.9 | 36.9 | 41.0 | 45.3 |
| 40 | | | | | 0 | 2.9 | 5.8 | 8.9 | 12.0 | 15.3 | 18.7 | 22.2 | 25.8 | 29.6 | 33.5 | 37.6 | 41.8 |
| 45 | | | | | | 0 | 2.9 | 5.9 | 9.0 | 12.3 | 15.6 | 19.0 | 22.6 | 26.3 | 30.2 | 34.2 | 38.3 |
| 50 | | | | | | | 0 | 3.0 | 6.0 | 9.2 | 12.5 | 15.9 | 19.4 | 23.0 | 26.8 | 30.8 | 34.8 |
| 55 | | | | | | | | 0 | 3.0 | 6.1 | 9.3 | 12.7 | 16.1 | 19.7 | 23.5 | 27.3 | 31.3 |

续表

| | 在0℃硫酸铵终浓度，%饱和度 | | | | | | | | | | | | | | | | |
|---|---|---|---|---|---|---|---|---|---|---|---|---|---|---|---|---|---|
| 硫酸铵初浓度 | 20 | 25 | 30 | 35 | 40 | 45 | 50 | 55 | 60 | 65 | 70 | 75 | 80 | 85 | 90 | 95 | 100 |
| %饱和度 | 每100 mL溶液加固体硫酸铵的克数 | | | | | | | | | | | | | | | | |
| 60 | | | | | | | | | 0 | 3.1 | 6.2 | 9.5 | 12.9 | 16.4 | 20.1 | 23.1 | 27.9 |
| 65 | | | | | | | | | | 0 | 3.1 | 6.3 | 9.7 | 13.2 | 16.8 | 20.5 | 24.4 |
| 70 | | | | | | | | | | | 0 | 3.2 | 6.5 | 9.9 | 13.4 | 17.1 | 20.9 |
| 75 | | | | | | | | | | | | 0 | 3/2 | 6.6 | 10.1 | 13.7 | 17.4 |
| 80 | | | | | | | | | | | | | 0 | 3.3 | 6.7 | 10.3 | 13.9 |
| 85 | | | | | | | | | | | | | | 0 | 3.4 | 6.8 | 10.5 |
| 90 | | | | | | | | | | | | | | | 0 | 3.4 | 7.0 |
| 95 | | | | | | | | | | | | | | | | 0 | 3.5 |
| 100 | | | | | | | | | | | | | | | | | 0 |

## 2. 调整硫酸铵溶液饱和度计算表（25℃）

| | 在25℃硫酸铵终浓度，%饱和度 | | | | | | | | | | | | | | | | |
|---|---|---|---|---|---|---|---|---|---|---|---|---|---|---|---|---|---|
| 硫酸铵初浓度 | 10 | 20 | 25 | 30 | 33 | 35 | 40 | 45 | 50 | 55 | 60 | 65 | 70 | 75 | 80 | 90 | 100 |
| %饱和度 | 每1000 mL溶液加固体硫酸铵的克数 | | | | | | | | | | | | | | | | |
| 0 | 56 | 114 | 144 | 176 | 196 | 209 | 243 | 277 | 313 | 351 | 390 | 430 | 472 | 516 | 561 | 662 | 767 |
| 10 | | 57 | 86 | 118 | 137 | 150 | 183 | 216 | 251 | 288 | 326 | 365 | 406 | 449 | 494 | 592 | 694 |
| 20 | | | 29 | 59 | 78 | 91 | 123 | 155 | 189 | 225 | 262 | 300 | 340 | 382 | 424 | 520 | 619 |
| 25 | | | | 30 | 49 | 61 | 93 | 125 | 158 | 193 | 230 | 267 | 307 | 348 | 390 | 485 | 583 |
| 30 | | | | | 19 | 30 | 62 | 94 | 127 | 162 | 198 | 235 | 273 | 314 | 356 | 449 | 546 |
| 33 | | | | | | 12 | 43 | 74 | 107 | 142 | 177 | 214 | 252 | 292 | 333 | 426 | 522 |
| 35 | | | | | | | 31 | 63 | 94 | 129 | 164 | 200 | 238 | 278 | 319 | 411 | 506 |
| 40 | | | | | | | | 31 | 63 | 97 | 132 | 168 | 205 | 245 | 285 | 375 | 469 |
| 45 | | | | | | | | | 32 | 65 | 99 | 134 | 171 | 210 | 250 | 339 | 431 |
| 50 | | | | | | | | | | 33 | 66 | 101 | 137 | 176 | 214 | 302 | 392 |
| 55 | | | | | | | | | | | 33 | 67 | 103 | 141 | 179 | 264 | 353 |
| 60 | | | | | | | | | | | | 34 | 69 | 105 | 143 | 227 | 314 |
| 65 | | | | | | | | | | | | | 34 | 70 | 107 | 190 | 275 |
| 70 | | | | | | | | | | | | | | 35 | 72 | 153 | 237 |
| 75 | | | | | | | | | | | | | | | 36 | 115 | 198 |
| 80 | | | | | | | | | | | | | | | | 77 | 157 |
| 90 | | | | | | | | | | | | | | | | | 79 |

## 3. 不同温度下饱和硫酸铵溶液的数据

| 温度（℃） | 0 | 10 | 20 | 25 | 30 |
|---|---|---|---|---|---|
| 质量百分数（%） | 41.42 | 42.22 | 43.09 | 43.47 | 43.85 |
| 摩尔浓度（mol/L） | 3.9 | 3.97 | 4.06 | 4.10 | 4.13 |
| 每1000 g水中含硫酸铵摩尔数（mol） | 5.35 | 5.53 | 5.73 | 5.82 | 5.91 |
| 每1000 mL水中用硫酸铵克数（g） | 706.8 | 730.5 | 755.8 | 766.8 | 777.5 |
| 每1000 mL溶液中含硫酸铵克数（g） | 514.8 | 525.2 | 536.5 | 541.2 | 545.9 |

# 附录七　常用酸碱的比重与浓度的关系

| 名称 | 分子量 | 比重 | 百分浓度（%）（*W*/*W*） | 当量浓度（mol/L）（粗略） | 配 1 L 1mol/L 溶液所需数量（mL） |
|---|---|---|---|---|---|
| 氢氧化铵（$NH_4OH$） | 35.05 | 0.90 | 28（以氨计） | 15 | 67 |
| 氢氧化钠（NaOH） | 40.0 | 1.5 | 50.0 | 19 | 52 |
| 盐酸（HCl） | 36.47 | 1.19 | 50.0 | 12.0 | 84 |
| 浓硫酸（$H_2SO_4$） | 98.09 | 1.81 | 95.6 | 36.0 | 28 |
| 硝酸（$HNO_3$） | 63.02 | 1.42 | 70.98 | 16.0 | 63 |
| 磷酸（$H_3PO_4$） | 98.06 | 1.71 | 85.0 | 15 30 45 | 67 |
| 冰醋酸（$CH_3COOH$） | 60.05 | 1.05 | 99.5 | 17.4 | 59 |

注：比重（*D*）、百分浓度（*A*）与当量浓度（*N*）之间的关系为 $N=\frac{D\times A\times 10}{\text{当量}}$

# 附录八　常用缓冲液的配制方法

**1. 广范围的缓冲液（pH）**

| pH（18 ℃） | 混合液*（mL） | 0.2 mol/L NaOH（mL） | pH（18 ℃） | 混合液*（mL） | 0.2 mol/L NaOH（mL） |
|---|---|---|---|---|---|
| 2.6 | 100 | 2.0 | 7.4 | 100 | 55.8 |
| 2.8 | 100 | 4.3 | 7.6 | 100 | 58.6 |
| 3.0 | 100 | 6.4 | 7.8 | 100 | 61.7 |
| 3.2 | 100 | 8.3 | 8.0 | 100 | 63.7 |
| 3.4 | 100 | 10.1 | 8.2 | 100 | 65.6 |
| 3.6 | 100 | 11.8 | 8.4 | 100 | 67.5 |
| 3.8 | 100 | 13.7 | 8.6 | 100 | 69.3 |
| 4.0 | 100 | 15.5 | 8.8 | 100 | 71.0 |
| 4.2 | 100 | 17.6 | 9.0 | 100 | 72.7 |
| 4.4 | 100 | 19.9 | 9.2 | 100 | 74.2 |
| 4.6 | 100 | 22.4 | 9.4 | 100 | 75.9 |
| 4.8 | 100 | 24.8 | 9.6 | 100 | 77.6 |
| 5.0 | 100 | 27.1 | 9.8 | 100 | 79.3 |
| 5.2 | 100 | 29.5 | 10.0 | 100 | 80.8 |
| 5.4 | 100 | 31.8 | 10.2 | 100 | 82.0 |
| 5.6 | 100 | 34.4 | 10.4 | 100 | 82.9 |
| 5.8 | 100 | 36.5 | 10.6 | 100 | 83.9 |
| 6.0 | 100 | 38.9 | 10.8 | 100 | 84.9 |
| 6.2 | 100 | 41.2 | 11.0 | 100 | 86.0 |
| 6.4 | 100 | 43.5 | 11.2 | 100 | 87.7 |
| 6.6 | 100 | 46.0 | 11.4 | 100 | 88.7 |
| 6.8 | 100 | 48.3 | 11.6 | 100 | 92.0 |
| 7.0 | 100 | 50.6 | 11.8 | 100 | 95.0 |
| 7.2 | 100 | 52.9 | 12.0 | 100 | 99.6 |

*混合液的配制：6.008 g 柠檬酸，3.893 g 磷酸二氢钾，1.769 g 硼酸和 5.266 g 巴比妥酸混合溶于 1000 mL 蒸馏水中，上述 4 种成分在混合液中的浓度均为 0.02875 mol/L

## 2. 柠檬酸-$Na_2HPO_4$（Mollvaine）缓冲液，pH 2.6～7.6

| pH | 0.1 mol/L 柠檬酸（mL） | 0.2 mol/L $Na_2HPO_4$（mL） |
|---|---|---|
| 2.6 | 89.10 | 10.90 |
| 2.8 | 84.15 | 15.85 |
| 3.0 | 79.45 | 20.55 |
| 3.2 | 75.30 | 24.70 |
| 3.4 | 71.50 | 28.50 |
| 3.6 | 67.80 | 32.20 |
| 3.8 | 64.50 | 35.50 |
| 4.0 | 61.45 | 38.55 |
| 4.2 | 58.60 | 41.40 |
| 4.4 | 55.90 | 44.10 |
| 4.6 | 53.25 | 46.75 |
| 4.8 | 50.70 | 49.30 |
| 5.0 | 48.50 | 51.50 |
| 5.2 | 46.40 | 53.60 |
| 5.4 | 44.25 | 55.75 |
| 5.6 | 42.00 | 58.00 |
| 5.8 | 39.55 | 60.45 |
| 6.0 | 36.85 | 63.15 |
| 6.2 | 33.90 | 66.10 |
| 6.4 | 30.75 | 69.25 |
| 6.6 | 27.25 | 72.75 |
| 6.8 | 22.75 | 77.25 |
| 7.0 | 17.65 | 82.35 |
| 7.2 | 13.05 | 86.95 |
| 7.4 | 9.15 | 90.85 |
| 7.6 | 6.35 | 93.65 |

注：柠檬酸，$C_6H_8O_7 \cdot H_2O$，分子量 210.04，0.1 mol/L 柠檬酸溶液含柠檬酸 21.0 g/L；$Na_2HPO_4$，分子量 141.98，0.2 mol/L $Na_2HPO_4$ 溶液含 $Na_2HPO_4$ 28.07 g/L，或 $Na_2HPO_4 \cdot 2H_2O$ 35.61 g/L

## 3. 柠檬酸-柠檬酸三钠缓冲液：pH 3.0～6.2

| pH | 0.1 mol/L 柠檬酸（mL） | 0.1 mol/L 柠檬酸三钠（mL） |
|---|---|---|
| 3.0 | 82.0 | 18.0 |
| 3.2 | 77.5 | 22.5 |
| 3.4 | 73.0 | 27.0 |
| 3.6 | 68.5 | 31.5 |
| 3.8 | 53.5 | 36.5 |
| 4.0 | 59.0 | 41.0 |
| 4.2 | 54.0 | 46.0 |
| 4.4 | 49.5 | 50.5 |
| 4.6 | 44.5 | 55.5 |
| 4.8 | 40.0 | 60.0 |

续表

| pH | 0.1 mol/L 柠檬酸（mL） | 0.1 mol/L 柠檬酸三钠（mL） |
|---|---|---|
| 5.0 | 35.0 | 65.0 |
| 5.2 | 30.5 | 69.5 |
| 5.4 | 25.5 | 74.5 |
| 5.6 | 21.0 | 79.0 |
| 5.8 | 16.0 | 84.0 |
| 6.0 | 11.5 | 88.5 |
| 6.2 | 8.0 | 92.0 |

注：柠檬酸，$C_6H_8O_7 \cdot H_2O$，分子量 210.04，0.1 mol/L 柠檬酸溶液含柠檬酸 21.01 g/L；柠檬酸三钠，$C_6H_5O_7Na_3 \cdot 2H_2O$，分子量 294.12，0.1 mol/L 柠檬酸三钠溶液含柠檬酸三钠 29.41 g/L

## 4. 乙酸-乙酸钠缓冲液，pH 3.7～5.6

| pH（18 ℃） | 0.2 mol/L 乙酸钠（mL） | 0.2 mol/L 乙酸（mL） |
|---|---|---|
| 3.7 | 10.0 | 90.0 |
| 3.8 | 12.0 | 88.0 |
| 4.0 | 18.0 | 82.0 |
| 4.2 | 26.5 | 73.5 |
| 4.4 | 37.0 | 63.0 |
| 4.6 | 49.0 | 51.0 |
| 4.8 | 59.0 | 41.0 |
| 5.0 | 70.0 | 30.0 |
| 5.2 | 79.0 | 21.0 |
| 5.4 | 86.0 | 14.0 |
| 5.6 | 91.0 | 9.0 |

注：乙酸钠，$CH_3COOHNa \cdot 3H_2O$，分子量 136.09，0.2 mol/L 乙酸钠溶液含乙酸钠 27.22 g/L

## 5. 琥珀酸-NaOH 缓冲液，pH 3.8～6.0

| pH（25 ℃） | $X$（mL）0.2 mol/L NaOH |
|---|---|
| 3.8 | 7.5 |
| 4.0 | 10.0 |
| 4.2 | 13.3 |
| 4.4 | 16.7 |
| 4.6 | 20.0 |
| 4.8 | 23.5 |
| 5.0 | 26.7 |
| 5.2 | 30.3 |
| 5.4 | 32.4 |
| 5.6 | 27.5 |
| 5.8 | 40.7 |
| 6.0 | 43.5 |

注：琥珀酸 $C_4H_6O_4$，分子量 118.09

配制方法：25 mL 琥珀酸（23.62 g/L），$X$ mL 0.2 mol/L NaOH；用 $H_2O$ 稀释至 1000 mL

### 6. $Na_2HPO_4$-$NaH_2PO_4$ 缓冲液，pH 5.8～8.0（25 ℃）

| pH | X（mL）0.2 mol/L $Na_2HPO_4$ | Y（mL）0.2 mol/L $NaH_2PO_4$ |
|---|---|---|
| 5.8 | 4.0 | 46.0 |
| 6.0 | 6.15 | 43.85 |
| 6.2 | 9.25 | 40.75 |
| 6.4 | 13.25 | 36.75 |
| 6.6 | 18.75 | 31.25 |
| 6.8 | 24.5 | 25.5 |
| 7.0 | 30.5 | 19.5 |
| 7.2 | 36.0 | 14.0 |
| 7.4 | 40.5 | 9.5 |
| 7.6 | 43.5 | 6.5 |
| 7.8 | 45.75 | 4.25 |
| 8.0 | 47.35 | 2.65 |

注：$Na_2HPO_4 \cdot 2H_2O$，分子量 178.05，0.2 mol/L $Na_2HPO_4$ 溶液含 $Na_2HPO_4 \cdot 2H_2O$ 35.61 g/L；$Na_2HPO_4 \cdot 12H_2O$，分子量 358.22，0.2 mol/L $Na_2HPO_4$ 溶液含 $Na_2HPO_4 \cdot 12H_2O$ 71.64 g/L；$Na_2HPO_4 \cdot H_2O$，分子量 138.01，0.2 mol/L $Na_2HPO_4$ 溶液含 $Na_2HPO_4 \cdot H_2O$ 72.6 g/L；$NaH_2PO_4 \cdot 2H_2O$，分子量 156.03，0.2 mol/L $NaH_2PO_4$ 溶液含 $NaH_2PO_4 \cdot 2H_2O$ 31.21 g/L

配制方法：将 X mL 0.2 mol/L $Na_2HPO_4 \cdot 2H_2O$，与 Y mL 0.2 mol/L $NaH_2PO_4$，用 $H_2O$ 稀释至 100 mL

**7.** Clark-Lubs 缓冲液（$KH_2PO_4$-NaOH），pH 5.8～8.0，50 mL 0.1mol/L $KH_2PO_4$（13.6 g/L）与 X mL 0.1 mol/L NaOH 混合用水稀释至 100 mL。

| pH（25 ℃） | X（mL）0.1 mol/L NaOH | 缓冲值 |
|---|---|---|
| 5.8 | 3.6 | |
| 5.9 | 4.6 | 0.010 |
| 6.0 | 5.6 | 0.011 |
| 6.1 | 6.8 | 0.012 |
| 6.2 | 8.1 | 0.015 |
| 6.3 | 9.7 | 0.017 |
| 6.4 | 11.6 | 0.021 |
| 6.5 | 13.9 | 0.024 |
| 6.6 | 16.4 | 0.027 |
| 6.7 | 19.3 | 0.030 |
| 6.8 | 22.4 | 0.033 |
| 6.9 | 25.9 | 0.033 |
| 7.0 | 29.1 | 0.031 |
| 7.1 | 32.1 | 0.028 |
| 7.2 | 34.7 | 0.025 |
| 7.3 | 37.0 | 0.022 |
| 7.4 | 39.1 | 0.020 |
| 7.5 | 40.9 | 0.016 |
| 7.6 | 42.4 | 0.013 |
| 7.7 | 43.5 | 0.011 |
| 7.8 | 44.5 | 0.009 |

续表

| pH（25 ℃） | *X*（mL）0.1 mol/L NaOH | 缓冲值 |
|---|---|---|
| 7.9 | 45.3 | 0.008 |
| 8.0 | 46.1 | |

**8. Tris-盐酸缓冲液，pH 7.1～8.9**（25 ℃）

| pH | *X*（mL）0.1 mol/L HCl | 缓冲值（$\beta$） |
|---|---|---|
| 7.1 | 45.7 | 0.010 |
| 7.2 | 44.7 | 0.012 |
| 7.3 | 43.4 | 0.013 |
| 7.4 | 42.0 | 0.015 |
| 7.5 | 40.3 | 0.017 |
| 7.6 | 38.5 | 0.018 |
| 7.7 | 36.6 | 0.020 |
| 7.8 | 34.5 | 0.023 |
| 7.9 | 32.0 | 0.027 |
| 8.0 | 29.2 | 0.029 |
| 8.1 | 26.2 | 0.031 |
| 8.2 | 22.9 | 0.031 |
| 8.3 | 19.9 | 0.029 |
| 8.4 | 17.2 | 0.026 |
| 8.5 | 14.7 | 0.024 |
| 8.6 | 12.4 | 0.022 |
| 8.7 | 10.3 | 0.020 |
| 8.8 | 8.5 | 0.016 |
| 8.9 | 7.0 | 0.014 |

注：Tris，$C_4H_{12}NO_3$，分子量 121.14，0.1 mol/L Tris 溶液含 Tris 12.114 g/L

配制方法：将 50 mL 0.1 mol/L Tris 与 *X* mL 0.1 mol/L HCl 混合，加 $H_2O$ 稀释至 100 mL

**9. Clark-Lubs 缓冲液**（硼酸-NaOH，KCl），**pH 8.0～10.2**

| pH（25 ℃） | *X*（mL）0.1 mol/L NaOH | 缓冲值 |
|---|---|---|
| 8.0 | 3.9 | |
| 8.1 | 4.9 | 0.010 |
| 8.2 | 6.0 | 0.011 |
| 8.3 | 7.2 | 0.013 |
| 8.4 | 8.6 | 0.015 |
| 8.5 | 10.1 | 0.016 |
| 8.6 | 11.8 | 0.018 |
| 8.7 | 13.7 | 0.020 |
| 8.8 | 15.8 | 0.022 |
| 8.9 | 18.1 | 0.025 |

续表

| pH（25 ℃） | X（mL）0.1 mol/L NaOH | 缓冲值 |
|---|---|---|
| 9.0 | 20.8 | 0.027 |
| 9.1 | 23.6 | 0.028 |
| 9.2 | 26.4 | 0.029 |
| 9.3 | 29.3 | 0.028 |
| 9.4 | 32.1 | 0.027 |
| 9.5 | 34.6 | 0.024 |
| 9.6 | 36.0 | 0.022 |
| 9.7 | 38.9 | 0.019 |
| 9.8 | 40.6 | 0.016 |
| 9.9 | 42.2 | 0.015 |
| 10.0 | 43.7 | 0.014 |
| 10.1 | 45.0 | 0.013 |
| 10.2 | 46.2 | |

注：将 50 mL KCl 与 $H_3BO_3$ 浓度均为 0.1 mol/L 的溶液（KCl 17.445 g/L，$H_3BO_3$ 6.184 g/L）与 X mL 0.1 mol/L NaOH 混合，用 $H_2O$ 稀释至 100 mL

## 10. 硼酸缓冲液，pH 8.1～9.0（25 ℃）

| pH | X（mL）0.1 mol/L HCl | 缓冲值 |
|---|---|---|
| 8.1 | 19.7 | 0.009 |
| 8.2 | 18.8 | 0.010 |
| 8.3 | 17.0 | 0.011 |
| 8.4 | 16.6 | 0.012 |
| 8.5 | 15.2 | 0.015 |
| 8.6 | 13.5 | 0.018 |
| 8.7 | 11.6 | 0.020 |
| 8.8 | 9.4 | 0.023 |
| 8.9 | 7.1 | 0.024 |
| 9.0 | 4.6 | 0.026 |

注：将 50mL 0.025 mol/L $Na_2B_4O_7 \cdot 10H_2O$（9.525 g/L）与 X mL 0.1 mol/L HCl 混合，用 $H_2O$ 稀释至 100 mL

## 11. 甘氨酸-NaOH 缓冲液，pH 8.6～10.6（25 ℃）

| pH | X（mL）0.2 mol/L NaOH |
|---|---|
| 8.6 | 2.0 |
| 8.8 | 3.0 |
| 9.0 | 4.4 |
| 9.2 | 6.0 |
| 9.4 | 8.4 |
| 9.6 | 11.2 |
| 9.8 | 13.6 |
| 10.0 | 16.0 |

续表

| pH | X（mL）0.2 mol/L NaOH |
|---|---|
| 10.4 | 19.3 |
| 10.6 | 22.75 |

注：甘氨酸，$C_2H_5NO_2$，分子量 75.07

配制方法：将 25 mL 0.2 mol/L 甘氨酸（15.01 g/L），与 X mL 0.2 mol/L NaOH 混合，用 $H_2O$ 稀释至 100 mL

## 12. $Na_2CO_3$-$NaHCO_3$ 缓冲液

| pH | | 0.1 mol/L $Na_2CO_3$（mL） | 0.1 mol/L $NaHCO_3$（mL） |
|---|---|---|---|
| 20（℃） | 37（℃） | | |
| 9.2 | 8.8 | 10 | 90 |
| 9.4 | 9.1 | 20 | 80 |
| 9.5 | 9.4 | 30 | 70 |
| 9.8 | 9.5 | 40 | 60 |
| 9.9 | 9.7 | 50 | 50 |
| 10.1 | 9.9 | 60 | 40 |
| 10.3 | 10.1 | 70 | 30 |
| 10.5 | 10.3 | 80 | 20 |
| 10.8 | 10.6 | 90 | 10 |

注：$Na_2CO_3 \cdot 10H_2O$，分子量 286.2，0.1 mol/L $Na_2CO_3$ 溶液含 $Na_2CO_3 \cdot 10H_2O$ 28.62 g/L；$Na_2CO_3$ 分子量 105.99；0.1 mol/L $Na_2CO_3$ 溶液含 $Na_2CO_3$ 10.6 g/L；$NaHCO_3$ 分子量 84；0.1 mol/L $NaHCO_3$ 溶液含 $NaHCO_3$ 8.4 g/L

## 13. 硼酸缓冲液，pH 9.3～10.7（25 ℃）

| pH | X（mL）0.1 mol/L NaOH | 缓冲值 |
|---|---|---|
| 9.3 | 3.6 | 0.027 |
| 9.4 | 6.2 | 0.026 |
| 9.5 | 6.8 | 0.025 |
| 9.6 | 11.1 | 0.022 |
| 9.7 | 13.1 | 0.020 |
| 9.8 | 15.0 | 0.018 |
| 9.9 | 16.7 | 0.016 |
| 10.0 | 18.3 | 0.014 |
| 10.1 | 19.5 | 0.011 |
| 10.2 | 20.5 | 0.009 |
| 10.3 | 21.5 | 0.008 |
| 10.4 | 22.1 | 0.007 |
| 10.5 | 22.7 | 0.006 |
| 10.6 | 23.3 | 0.005 |
| 10.7 | 23.8 | 0.004 |

注：将 50 mL 0.025 mol/L $Na_2B_4O_7 \cdot 10H_2O$（9.52 g/L）与 X mL 0.1 mol/L NaOH 混合，用 $H_2O$ 稀释至 100 mL

## 14. 碳酸缓冲液，pH 9.7～10.9（25 ℃）

| pH | $X$（mL）0.1 mol/L NaOH | 缓冲值 |
| --- | --- | --- |
| 9.7 | 6.2 | 0.013 |
| 9.8 | 7.6 | 0.014 |
| 9.9 | 9.1 | 0.015 |
| 10.0 | 10.7 | 0.016 |
| 10.2 | 13.8 | 0.015 |
| 10.3 | 15.2 | 0.014 |
| 10.4 | 16.5 | 0.013 |
| 10.5 | 17.8 | 0.013 |
| 10.6 | 19.1 | 0.012 |
| 10.7 | 20.2 | 0.010 |
| 10.8 | 21.2 | 0.009 |
| 10.9 | 22.0 | 0.008 |

注：将 50 mL 0.5 mol/L $NaHCO_3$（4.208 g/L）与 $X$ mL 0.1 mol/L NaOH 混合，用 $H_2O$ 稀释至 100 mL

## 15. 磷酸缓冲液，pH 11.0～11.9（25 ℃）

| pH | $X$（mL）0.1 mol/L NaOH | 缓冲值 |
| --- | --- | --- |
| 11.0 | 4.1 | 0.009 |
| 11.1 | 5.1 | 0.011 |
| 11.2 | 6.3 | 0.012 |
| 11.3 | 7.6 | 0.014 |
| 11.4 | 9.1 | 0.017 |
| 11.5 | 11.1 | 0.022 |
| 11.6 | 13.5 | 0.020 |
| 11.7 | 16.2 | 0.030 |
| 11.8 | 19.4 | 0.034 |
| 11.9 | 23.0 | 0.037 |

注：将 50 mL 0.5 mol/L $Na_2HPO_3$（7.108 g/L）与 $X$ mL 0.1 mol/L NaOH 混合，用 $H_2O$ 稀释至 100 mL

## 16. 纸上蛋白质电泳用的几种缓冲液

| pH | 离子强度 | 每升溶液中所含组分 |
| --- | --- | --- |
| 4.4 | 0.2 | $Na_2HPO_4$ 9.44 g |
| | | 柠檬酸 10.3 g |
| 4.5 | 0.1 | NaCl 3.51 g |
| | | NaAc 3.28 g |
| | | （用 HCl 调节至 pH4.5） |
| 6.5 | 0.1 | $KH_2PO_4$　3.11 g |
| | | $Na_2HPO_4$　1.49 g |
| 7.8 | 0.12 | $NaH_2PO_4 \cdot H_2O$ 0.294 g |
| | | $Na_2HPO_4$ 3.25 g |
| 8.6 | 0.05 | 二乙基巴比妥酸 1.84 g |

续表

| pH | 离子强度 | 每升溶液中所含组分 |
| --- | --- | --- |
|  |  | 二乙基巴比妥酸钠 10.30 g |
| 8.6 | 0.075 | 二乙基巴比妥酸 2.76 g |
|  |  | 二乙基巴比妥酸钠 15.45 g |
| 8.6 | 1.0 | 二乙基巴比妥酸 3.68 g |
|  |  | 二乙基巴比妥酸钠 20.6 g |
| 8.9 | — | Tris 60.5 g |
|  |  | EDTA 6.0 g |
|  |  | 硼酸 4.6 g |

（李大玉）